"十四五"职业教育国家规划教材

Premiere

项目实践教程 （第二版）

PREMIERE XIANGMU SHIJIAN JIAOCHENG

新世纪高职高专教材编审委员会 组编

主　编　沈中禹　王　敏

副主编　范媛媛　赵英豪

U0245029

· Premiere CC Pro 2019

· 内含微视频讲解

· 案例丰富易上手

大连理工大学出版社

图书在版编目(CIP)数据

Premiere 项目实践教程 / 沈中禹，王敏主编. -- 2
版. -- 大连 : 大连理工大学出版社，2021.10(2023.7 重印)
新世纪高职高专数字媒体系列规划教材
ISBN 978-7-5685-3050-7

Ⅰ. ①P… Ⅱ. ①沈… ②王… Ⅲ. ①视频编辑软件－
高等职业教育－教材 Ⅳ. ①TN94

中国版本图书馆 CIP 数据核字(2021)第 104110 号

大连理工大学出版社出版

地址:大连市软件园路 80 号 邮政编码:116023
发行:0411-84708842 邮购:0411-84708943 传真:0411-84701466
E-mail:dutp@dutp.cn URL:https://www.dutp.cn
辽宁虎驰科技传媒有限公司印刷 大连理工大学出版社发行

幅面尺寸:185mm×260mm 印张:13.5 字数:346 千字
2018 年 1 月第 1 版 2021 年 10 月第 2 版
2023 年 7 月第 4 次印刷

责任编辑:李 红 责任校对:马 双
封面设计:张 莹

ISBN 978-7-5685-3050-7 定 价:45.00 元

前言

《Premiere项目实践教程》(第二版)是"十四五"职业教育国家规划教材、"十三五"职业教育国家规划教材,也是新世纪高职高专教材编审委员会组编的数字媒体系列规划教材之一。

1. 培养高技能人才,为经济高质量发展增加动能

党的二十大报告指出"科技是第一生产力、人才是第一资源、创新是第一动力"。高等职业教育肩负培养大国工匠和高技能人才的使命,方寸之间,千锤百炼。瞄准技术变革和产业升级大方向,培养适应社会主义现代化要求和目标的数字媒体技术技能人才,对推动经济高质量发展具有重要作用。

2. 以"立德树人"为根本,思政元素浸润全过程

教材对接企业用人素养要求,将思政元素融入导学版块。将党的二十大报告中提到的"共同奋斗创造美好生活、文化自信、高质量发展、劳动精神、创造精神"等思政元素有机融入教材内容。教师在教学中引导学生重视素养提升,鼓励学生加强自我修炼,全面提升学生职业素养。

3. 政校企行深度融合,岗课赛证融通育人

在教材编写过程中,编者深入行业企业,调研数字媒体制作现状,对接新技术、新工艺,校企合作共同开发,划分项目,制订修改方案。教材内容紧贴实际,与国赛融媒体赛项赛程、1+X新媒体技术制作职业技能等级证书考核标准相衔接,同时密切关注行业国家标准更新动态,更新及时内容,时效性、实用性和适用性强。

本教材是以Adobe Premiere Pro CC 2019为软件版本,根据编者多年的教学经验、实践经历和对高职高专学生实际情况(强调学生的动手能力)的了解而编写的。在信息技术新趋势与教育教学新形态深度融合、校企合作与科教融合不断深化的时代背景下,许多内容和形式需要调整,本教材正是基于这样的背景而编写修订的。

修订后的教材内容包括初识Adobe Premiere Pro CC 2019、文件的导入和导出、影视片头制作、电子相册制作、特效短片制作、效果字幕制作、音频调节制作、插件的应用共8个项目,分别讲述软件概述、基本操作和界面认知、素材输入/输出设置、视频转场效果、视频特效、字幕制作、音频特效和插件应用8个部分的内容,项目的安排是根据非线性编辑的传统工作流程进行的。项目2、项目7相对于上一版在位置上进行了调整变动,项目7内容也做了较大调整。各项目均补充了新内容。

本教材在编写修订时努力突出以下特色：

1. 体例新颖

在每一个项目开始，通过"职业素养"和"项目分析"让学习者整体感知专业知识与技能学习应具备的意志品质与职业精神。"案例简介"简要叙述了完成案例需要掌握的基础知识以及案例效果；"课上演练"以制作经典案例为主，操作性强；"功能工具"使知识更系统化、学习更有目的性；"课外拓展"充分调动学生的动手主动性与实际操作能力。各部分内容互相呼应，先"由做带学"，再"由学带做"，充分巩固了剪辑制作的理论知识。

2. 案例丰富

本教材正文中所有案例和素材相对上一版做了系统更新，案例丰富，素材新颖，有机结合了时代新风貌、社会新风尚。部分案例制作增强了和当下短视频的有机联系，制作出的视频成品能够站在新时代视角去分析、观察社会生活。

3. 资源内容立体化

除了纸质内容，本教材重点开发了微课资源，以短小精练的微视频透析教材中的重、难点知识点，使学生充分利用现代二维码技术，随时、主动、反复学习相关内容。除了微课外，还配有传统配套资源，供学生使用，此类资源可登录职教数字化服务平台进行下载。此外，基于教材开发的在线学习资源也即将上线，为学习者提供更为便利、快捷的学习方式，这是顺应"互联网＋"重大时代背景的具体体现。

本教材由河北青年管理干部学院沈中禹和王敏任主编，焦作师范高等专科学校范媛媛，河北灵明石文化传媒有限公司赵英豪任副主编，八零吧（北京）文化传播有限公司李源参与编写。具体编写分工如下：沈中禹编写项目1、项目3、项目7，王敏编写项目2、项目5、项目6，范媛媛编写项目4和项目5，赵英豪编写项目8，李源为教材案例提供了指导。全书由沈中禹负责统稿。

本教材不仅适用于高职高专院校学生，也适用于作为短期培训的案例教程，还可供想从事视频剪辑的人员自学使用。

在编写本教材的过程中，编者参考、引用和改编了国内外出版物中的相关资料以及网络资源，在此表示深深的谢意。相关著作权人看到本教材后，请与出版社联系，出版社将按照相关法律的规定支付稿酬。

尽管我们在本教材的编写方面做了很多努力，但由于编者水平有限，加之时间紧迫，不足之处在所难免，恳请各位读者批评指正，并将意见和建议及时反馈给我们，以便下次修订时改进。

编　者
2021 年 10 月

所有意见和建议请发往：dutpgz@163.com
欢迎访问职教数字化服务平台：https://www.dutp.cn/sve/
联系电话：0411-84707492　84706671

目 录

微课堂索引

电子活页—视频

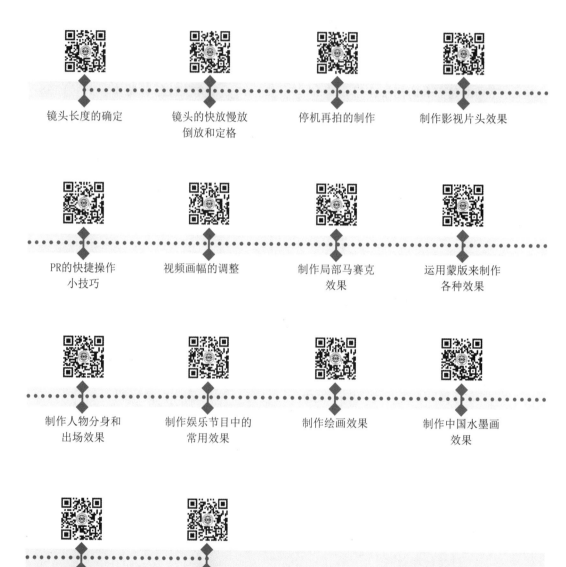

镜头长度的确定

镜头的快放慢放
倒放和定格

停机再拍的制作

制作影视片头效果

PR的快捷操作
小技巧

视频画幅的调整

制作局部马赛克
效果

运用蒙版来制作
各种效果

制作人物分身和
出场效果

制作娱乐节目中的
常用效果

制作绘画效果

制作中国水墨画
效果

特殊镜头效果调整

镜头的组接逻辑和
剪辑技巧

初识 Adobe Premiere Pro CC 2019
——数字引领,服务美好生活

教学案例

- 短片《美丽校园》的制作。

制作《美丽校园》

教学内容

- 工作界面;素材的采集和导入;新建项目;素材的剪切和组合;短片导出。

教学目标

- 熟悉 Premiere Pro CC 2019 的工作界面。
- 学会使用 Premiere 进行简单的编辑操作。
- 学会素材的快放、慢放、倒放和定格的做法。
- 学会导出已编辑好的文件。

非编的作用

职业素养

- 带领学生充分感受数字化生态给社会生活方式带来的广泛影响。当我们身处美丽的校园,总喜欢去全方位展示她的美好,而数字化影像表达无疑成为首选。

项目分析

- Premiere CC 2019 强大的音/视频内容实时编辑合成功能,简便直观的操作,将大千世界藏美于方寸之间,快放、慢放、倒放、定格成就了影像之静美,一个个美好瞬间被我们编织成流动的影像。学生在积极学习专业知识技能的同时,养成数字化素养,进一步培养发现美的能力,服务美好生活。

項目实践教程

1.1　案例简介

Premiere 是一款优秀的非线性视频编辑处理软件,具有强大的音/视频内容实时编辑合成功能。操作简便直观,同时功能丰富,被广泛应用于影视内容处理、广告制作、微视频编辑等方面,备受影视工作者、视频爱好者及家庭用户的青睐。在本项目中我们会运用提供的素材,采用软件的各种操作方法,制作《美丽校园》视频短片,并导出作品。

在制作过程中,会进行打开软件、新建项目、导入素材、剪切素材、快放、慢放、倒放、定格素材,导出作品等众多操作。通过视频短片的制作过程,可以了解 Premiere Pro CC 2019 界面的设置,掌握软件常用的操作方法以及常用面板的功能。

1.2　课上演练

制作《美丽校园》视频短片。制作步骤如下:

步骤 1　启动 Premiere Pro CC 2019 软件,会弹出"主页"界面,如图 1-1 所示。在界面中单击"新建项目"按钮 ，弹出"新建项目"对话框,可以指定项目保存的路径和名称。在这里我们将名字设置成"美丽校园",单击"确定"按钮,如图 1-2 所示。

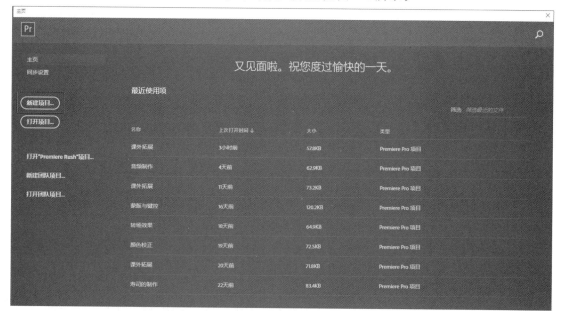

图 1-1　"主页"界面(1)

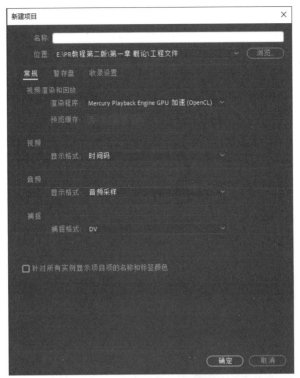

图 1-2 "新建项目"对话框(1)

步骤 2 此时即可新建一个空白的项目文档,如图 1-3 所示。

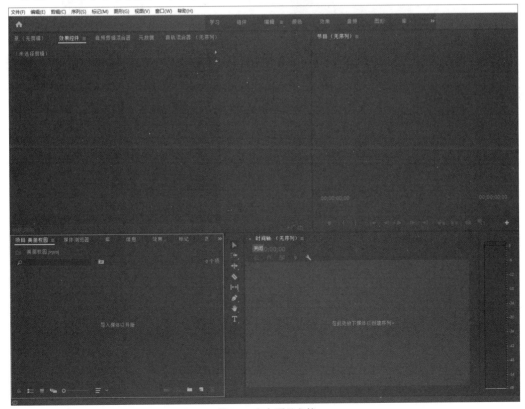

图 1-3 空白项目文档

步骤 3 在 Premiere Pro CC 2019 中需要单独建立序列文件,在菜单栏中选择"文件"|"新建"|"序列"命令,如图 1-4 所示,即可打开"新建序列"对话框,我们选择"序列预设"中"DV-PAL"|"标准 48 kHz"选项,修改"序列名称"为"美丽校园",如图 1-5 所示,然后单击"确定"按钮,即可进入 Premiere Pro CC 2019 的工作界面。

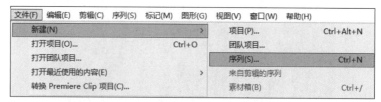

图 1-4 菜单栏中的"序列"命令

图 1-5 "新建序列"对话框(1)

步骤 4 接下来我们导入需要用到的素材。在"项目"面板中的空白处单击鼠标右键,在弹出的快捷菜单中选择"导入"命令,如图 1-6 所示。

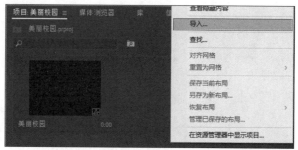

图 1-6 快捷菜单中的"导入"命令(1)

步骤 5   打开"导入"对话框。选择素材文件夹中的视频素材"1.MP4～4.MP4"和"背景音乐.mp3",单击"打开"按钮,素材就导入该"项目"面板中,如图 1-7 所示。

图 1-7   "项目"面板(1)

步骤 6   在"项目"面板中双击这些素材,可以在"源素材监视器"面板中浏览该素材。单击"源素材监视器"面板中的"播放"按钮 ▶ 预览视频内容,单击"预览"面板并用鼠标左键拖曳该素材到时间轴 V1 视频轨道上,同时在 A1 音频轨道上也会出现相应链接的音频,这样就将素材添加到序列轨道中了。我们采用这种方法将素材"1.MP4"拖曳到时间轴 V1 轨道上,如果素材的大小与序列的预设不一致的话,会弹出"剪辑不匹配警告"对话框,如图 1-8 所示,我们选择"更改序列设置"以匹配素材的大小。此时,素材就导入时间轴中,如图 1-9 所示。

图 1-8   "剪辑不匹配警告"对话框

图 1-9   素材添加到时间轴

步骤 7   该素材的前 4 秒时间画面基本没有移动,因此我们在前 4 秒添加一个字幕效果。在菜单栏选择"文件"|"新建"|"旧版标题",如图 1-10 所示,新建字幕。

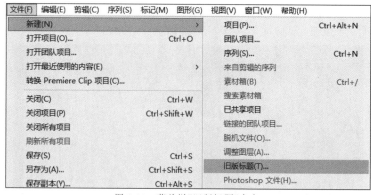

图 1-10　菜单栏"旧版标题"命令

步骤 8　在弹出的"新建字幕"对话框中,可以设置字幕参数和名称,我们将名称改为"标题字",如图 1-11 所示,单击"确定"按钮,进入"字幕编辑器"。

图 1-11　"新建字幕"对话框

步骤 9　使用"文字工具" ■ 新建文字"美丽校园",在"旧版标题样式"中任选一个,调整文字的字体、大小等选项,设置完成后如图 1-12 所示,单击右上角的关闭按钮,关闭"字幕"面板。

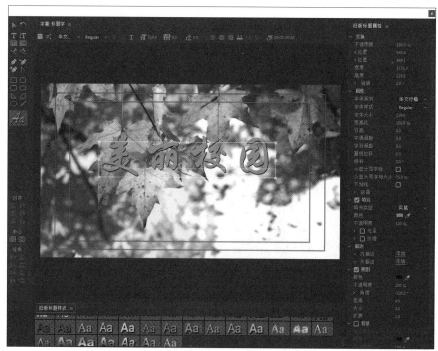

图 1-12　"字幕"面板

步骤 10 在"项目"面板中就出现了新建好的"标题字"。将它选中并按下鼠标左键拖曳到时间轴 V2 轨道上,如图 1-13 所示。

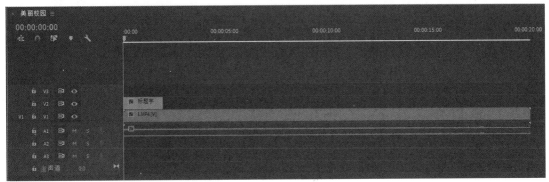

图 1-13 将字幕添加到 V2 轨道

步骤 11 在 V2 轨道上选中"标题字",单击鼠标右键,在弹出的快捷菜单中选择"速度/持续时间",打开"剪辑速度/持续时间"对话框,设置持续时间为 00:00:04:00,单击"确定"按钮,如图 1-14 所示。这样作品的开篇就做好了,我们可以在"节目监视器"面板中单击播放按钮预览效果。

图 1-14 "剪辑速度/持续时间"对话框

步骤 12 在 14 秒的位置(00:00:14:00),我们利用"时间线"面板左侧"工具"面板中的"剃刀工具" 把素材切开,如图 1-15 所示。将切开的 14 秒之后的素材选中后,按 Delete 键删除,如图 1-16 所示。

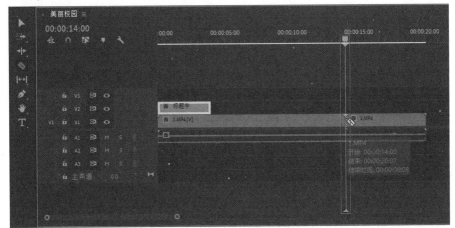

图 1-15 使用"剃刀工具"切开素材

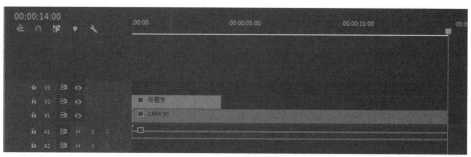

图 1-16　删除多余素材

步骤 13　在"项目"面板中双击"2.MP4",在"源素材监视器"面板中打开并预览。确定好适合作为作品的片段,在起始位置单击"标记入点" ,结束位置单击"标记出点" ,如图 1-17 所示。

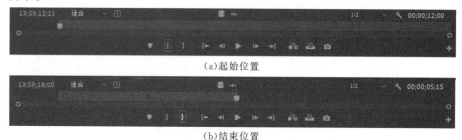

(a)起始位置

(b)结束位置

图 1-17　为第二段素材标记入点、出点

步骤 14　单击并拖曳时间码所在行中间的"仅拖曳视频"按钮 ,将标记好入点和出点的"2.MP4"拖曳到时间线 V1 轨道上,如图 1-18 所示。

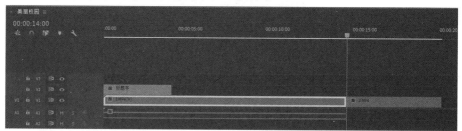

图 1-18　将标记好的第二段素材添加到 V1 轨道

步骤 15　观看视频发现"2.MP4"素材的播放速度较快,在"时间线"面板中选中"2.MP4",单击鼠标右键,在弹出的快捷菜单中选择"速度/持续时间",如图 1-19 所示。打开"剪辑速度/持续时间"对话框,设置速度为 80%,减慢播放速度,增加持续时间,单击"确定"按钮,如图 1-20 所示。可以在"节目监视器"面板中单击"播放"按钮预览效果。

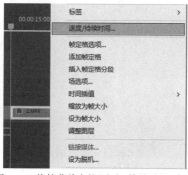

图 1-19　快捷菜单中的"速度/持续时间"命令

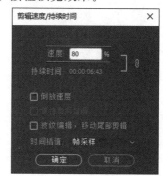

图 1-20　减慢播放速度

步骤 16 同上述方法,在"项目"面板中双击"3.MP4",在"源素材监视器"面板中打开并预览。确定好合适作为作品的片段,在起始位置单击"标记入点",结束位置单击"标记出点",如图 1-21 所示。单击并拖曳时间码所在行的中间的"仅拖曳视频"按钮,将选好的"3.MP4"拖曳到时间线 V1 轨道上,如图 1-22 所示。

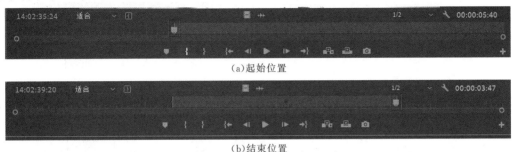

(a)起始位置

(b)结束位置

图 1-21 为第三段素材标记入点、出点

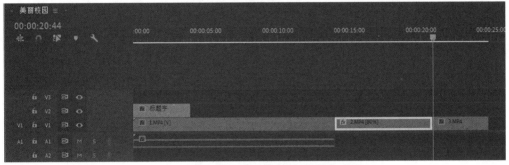

图 1-22 将标记好的第三段素材添加到 V1 轨道

步骤 17 同样"3.MP4"源素材的播放速度较快,也需要调整,并将它设置为倒放。在"时间线"面板中选中"3.MP4",单击鼠标右键,在弹出的快捷菜单中选择"速度/持续时间",打开"剪辑速度/持续时间"对话框,设置速度值为"80%",并勾选"倒放速度",单击"确定"按钮,如图 1-23 所示。可以在"节目监视器"面板中单击"播放"按钮预览效果。

图 1-23 减慢并进行倒放设置

步骤 18 同上述方法,在"项目"面板中双击"4.MP4",在"源素材监视器"面板中打开并预览。确定好合适作为作品的片段,在起始位置单击"标记入点",结束位置单击"标记出点",如图 1-24 所示。单击并拖曳时间码所在行的中间的"仅拖曳视频"按钮,将选好的"4.MP4"拖曳到时间线 V1 轨道上,如图 1-25 所示。

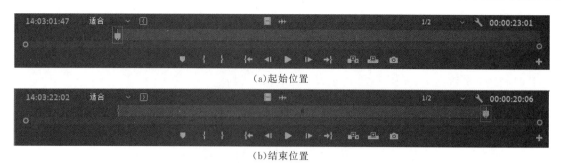

(a)起始位置

(b)结束位置

图 1-24　为第四段素材标记入点、出点

图 1-25　将标记好的第四段素材添加到 V1 轨道

步骤 19　在这一段我们将"4.MP4"的运动效果加快,所以需要提高它的播放速度。在"时间线"面板中选中"4.MP4",单击鼠标右键,在弹出的快捷菜单中选择"速度/持续时间",打开"剪辑速度/持续时间"对话框,设置速度值为"150%",提高播放速度,减少持续时间,单击"确定",如图 1-26 所示。可以在"节目监视器"面板中单击"播放"按钮预览效果。

图 1-26　加快播放速度

步骤 20　在"时间线"面板 V1 轨道上,将作品的最后两帧画面进行定格处理,让作品结束时画面停留几秒。将时间指针放在作品最后位置,用键盘上的"←"箭头向左滑动两帧,如图 1-27 所示。

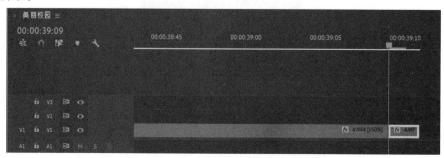

图 1-27　切开最后两帧画面

步骤 21　选择"工具"面板中的"剃刀工具",将最后两帧切开。选中该素材,单击鼠标右键,在弹出的快捷菜单中选择"添加帧定格",如图 1-28 所示。再次单击鼠标右键,在弹出的快捷菜单中选择"帧定格选项",如图 1-29 所示。打开"帧定格选项"对话框,选择"定格位置"为"出点",单击"确定"按钮,如图 1-30 所示。

图 1-28　"添加帧定格"命令

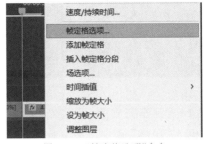
图 1-29　"帧定格选项"命令

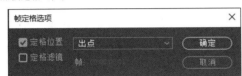
图 1-30　设置出点为定格位置

步骤 22　单击鼠标右键,在弹出的快捷菜单中选择"速度/持续时间",打开"剪辑速度/持续时间"对话框,将"持续时间"调整为 00:00:03:00,单击"确定"按钮,如图 1-31 所示。

图 1-31　设置"持续时间"为 3 秒

步骤 23　选中"时间线"面板中 A1 轨道的素材,按 Delete 键删除音频素材,如图 1-32 所示。在"项目"面板选择"背景音乐.mp3",将其拖曳到时间轴 A1 轨道上,将时间指针向后移动到视频素材的最后,用"剃刀工具"将音频素材切开,将剩余部分按 Delete 键删除,如图 1-33 所示。即可播放完整作品预览效果。

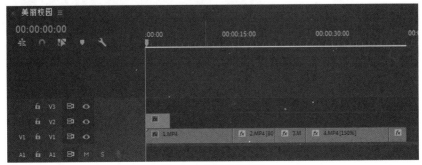
图 1-32　删除音频素材

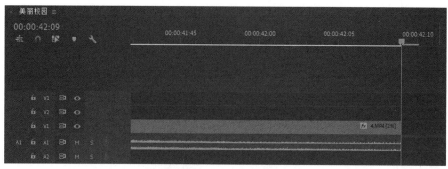

图 1-33　添加音乐并删除多余素材

步骤 24　制作完成后,可以按 Ctrl+S 快捷键保存项目文件。然后单击菜单栏中的"文件"|"导出"|"媒体"命令,如图 1-34 所示。在弹出的"导出设置"对话框中,"格式"选择"H.264",单击"输出名称"右边的"美丽校园.mp4",打开"另存为"的对话框,可以指定存储路径并修改文件名称,勾选"导出视频"、"导出音频"和"使用最高渲染质量"。参数设置完成后,单击"导出"按钮,如图 1-35 所示。

步骤 25　导出完毕后,可以在保存目录中打开"美丽校园.mp4",用视频播放软件查看作品效果。

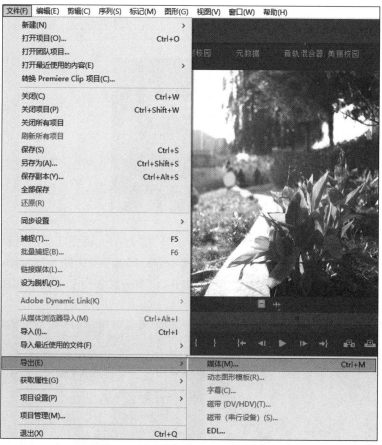

图 1-34　执行菜单栏"导出"|"媒体"命令

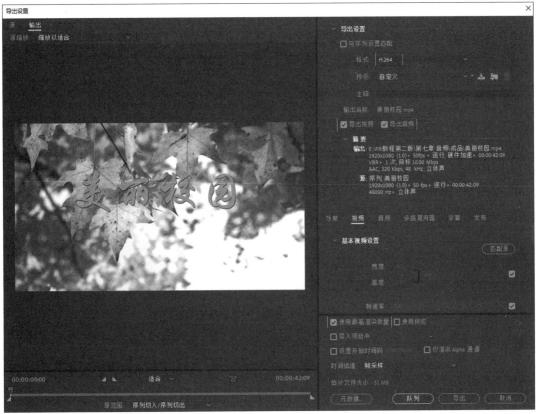

图 1-35　"导出设置"对话框

1.3　功能工具

Premiere Pro CC 2019 提供了更加强大、高效的增强功能和先进的专业工具,包括尖端的色彩修正、强大的视频控制和多个嵌套的时间轴,并专门针对多处理器和超线程进行了优化,利用新一代基于奔腾处理器、运行于 Windows 系统下的速度方面的优势,提供能够自由渲染的编辑功能。本节将主要介绍软件中的一些基础知识,包括软件的工作界面、界面的布局、编辑中的常用术语、文件的保存和导出等。

1.3.1　编辑中的常用术语

视频(Video):将一系列静态影像以电信号的形式进行捕捉、储存、处理等的各种技术。连续的图像以每秒超过 24 帧(frame)的画面变化时,根据人眼的视觉暂留原理,看上去是平滑连续的视觉效果,这样连续的画面叫作视频。

帧:影片放映过程中,画面被一幅幅地放映在屏幕上。这里的每一幅静态画面就是构成影片的一帧,即视频或动画中的单个图像。

帧速率(帧/秒):视频中每秒包含的帧数。为了得到平滑连贯的运动画面,必须使画面的更新达到一定标准,即每秒所播放的画面要达到一定数量,这就是帧速率。PAL 制影片的帧速率是 25 帧/秒,NTSC 制影片的帧速度是 29.97 帧/秒,电影的帧速率是 24 帧/秒,二维动画的帧速率是 12 帧/秒。

关键帧(Key Frame)：一个在素材中特定的帧,它被标记是为了特殊编辑或控制整个动画。在编辑作品时,关键帧的应用有助于控制作品的转场、特效和播放平滑度。

导入：将一组数据置入一个程序的过程。文件一旦被导入,数据将被改变以适应新的程序,其数据源文件则保持不变。

采集：指从摄像机、录像机等视频源获取视频数据,然后通过 IEEE 1394 接口接收视频数据,将视频信号保存到计算机的硬盘中的过程。

导出：在应用程序之间分享文件的过程,即将编辑完成的数据转换为其他程序可以识别、导入使用的文件格式。

素材：指影片中的小片段,可以是音频、视频、静态图像或标题。

转场：在一个场景结束到另一个场景开始之间出现的内容。通过添加转场,剪辑人员可以将单独的素材和谐地融合成一部完整的影片。

渲染：应用转场和其他效果之后,将源信息组合成单个文件的过程,也就是创建最终影片的过程。

时间码(Timecode)：时间码是指用数字的方法表示视频文件的一个点相对于整个视频或视频片段的位置。时间码可以用于做精确的视频编辑,其格式为小时：分钟：秒：帧,或 Hours：Minutes：Seconds：Frames。例如一个长度为 00：01：16：12 的作品,其时间长度为 1 分钟 16 秒 12 帧。

1.3.2 软件的基本操作

1.启动程序并创建新项目文件

步骤1 Premiere Pro CC 2019 安装完成后,启动 Premiere Pro CC 2019 可以使用以下任意一种方法：在 Windows 界面单击"开始"按钮,在弹出的菜单中选择 Adobe Premiere Pro CC 2019,如图 1-36 所示;在桌面创建 Premiere Pro CC 2019 的快捷方式,双击桌面图标；在桌面上选择软件图标,单击鼠标右键,在弹出的快捷菜单中选择"打开"命令。

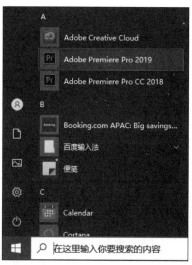

图 1-36 在"开始"菜单中选择软件

首先弹出的是软件的初始化界面,如图 1-37 所示。

图 1-37 初始化界面

步骤 2 之后弹出"主页"界面,如图 1-38 所示。其中包含以下内容:

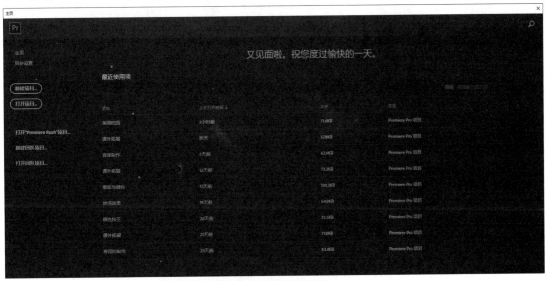

图 1-38 "主页"界面(2)

(1)新建项目:用来创建一个新的项目文件。

单击"新建项目"按钮,弹出"新建项目"对话框,如图 1-39 所示。"名称"可以为当前项目命名。"位置"可以指定项目的保存路径,可通过"浏览"按钮修改路径。除此之外,还包括"常规"、"暂存盘"和"收录设置"三个选项卡。"常规"选项卡可以对项目的视频、采集、音频、视频渲染与回放等选项进行设置;"暂存盘"选项卡中的选项是各个素材和文件的暂存位置,可以保持默认;"收录设置"选项卡往往不常用。单击"确定"按钮,即可新建一个项目文件,如图 1-40 所示。在 Premiere Pro CC 2019 中需要单独建立序列文件,可以在菜单栏中选择"文件"|"新建"|"序列"命令,也可以在"项目"面板空白处单击鼠标右键,选择"新建项目"|"序列",或者按 Ctrl+N 快捷键,如图 1-41 所示,即可打开"新建序列"对话框。

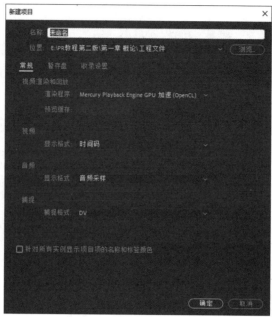

图 1-39 "新建项目"对话框（2）

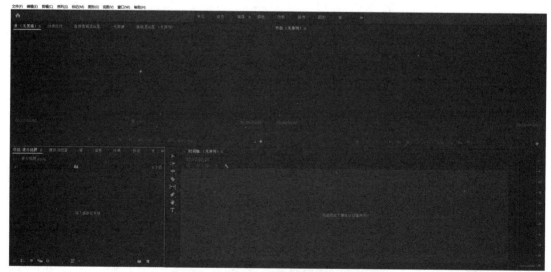

图 1-40 新建项目文件界面

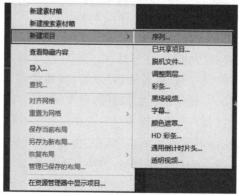

图 1-41 快捷菜单中的"序列"命令

"新建序列"对话框包括四个选项卡:"序列预设"、"设置"、"轨道"和"VR 视频",如图 1-42 所示。在"序列预设"选项卡中根据需要选择预设选项,界面右侧"预设描述"为所选预设的描述信息;"设置"选项卡主要对视频模式,视频、音频、视频预览等参数进行设置;"轨道"选项卡主要是对音/视频轨道数量、音频声道和品质的设置;"VR 视频"选项卡主要是用来设置 VR 属性的,通过对投影、布局和水平捕捉的视图等选项的设置,进行视频 VR 编辑。选项卡设置结束后,在下方"序列名称"中可以输入新建序列的名称,然后单击"确定"按钮,即可完成新建一个序列的过程。

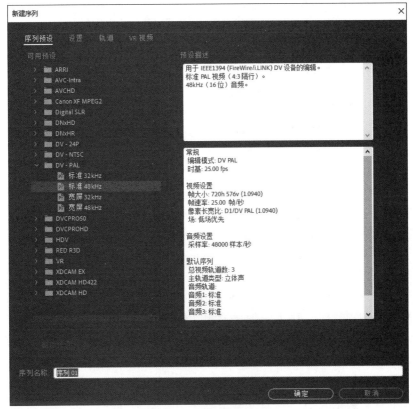

图 1-42　"新建序列"对话框(2)

序列的宽高比、帧速率、像素比例和场顺序等都需要在新建序列时设置好,一旦开始编辑影片,这些参数将无法再进行修改。

(2)打开项目:用来打开一个已有的项目文件。

(3)最近使用的项目:软件列出了最近打开或编辑过的项目文件名,可以直接单击文件名打开该项目文件。

2.导入素材文件

Premiere Pro CC 2019 支持图像、视频、音频等多种类型和文件格式的素材导入,它们的导入方法基本相同。将准备好的素材导入"项目"面板,可以通过多种操作方法来完成:

方法 1　通过命令导入。单击菜单栏"文件"|"导入"命令,或在"项目"面板的空白处单击鼠标右键并选择"导入"命令,也可以在"项目"面板的空白处双击,在弹出的"导入"对话框中展开素材的保存目录,选取需要导入的素材,然后单击"打开"按钮,即可将所选取的素材导入"项目"面板。

　　方法 2　从媒体浏览器导入素材。在"媒体浏览器"面板中展开素材的保存文件夹,将需要导入的一个或多个文件选中,然后单击鼠标右键并选择"导入"命令,即可完成指定素材的导入,如图 1-43 所示。

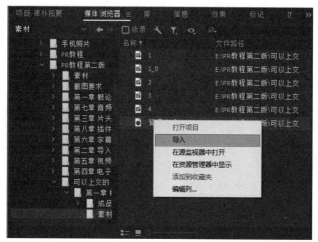

图 1-43　快捷菜单中的"导入"命令(2)

　　方法 3　拖入外部素材到"项目"面板中。在文件夹中将需要导入的一个或多个文件选中,然后用鼠标左键按住并拖曳到"项目"面板中,即可快速地完成指定素材的导入。

　　方法 4　将外部素材拖入"时间轴"面板。在文件夹中将需要导入的一个或多个文件选中,然后按住并拖动到序列的"时间轴"面板中,可以直接将素材添加到合成序列中指定的位置。同时,素材也会自动添加到"项目"面板中。

　　注意:导入项目中的素材,只是在项目文件与外部素材文件之间建立了一个链接,并不是将其复制到了编辑的项目中。所以,一旦该素材文件在原路径位置被删除、移动或修改了文件名,使用了该素材的项目就不能再正确显示其应用内容了,需要重新指定该素材的正确位置才可以正常显示其内容。

　　将素材导入"项目"面板后,可以在其中对素材文件进行预览查看。单击"项目"面板左下角的"列表视图"按钮,可以将素材文件以列表方式显示,同时可以方便查看素材的帧速率、持续时间、尺寸大小等信息;单击"项目"面板右上角的按钮,在弹出的命令菜单中选择"预览区域"命令,如图 1-44 所示,可以在"项目"面板的顶部显示出预览区域,方便查看所选素材的内容以及其他信息,如图 1-45 所示。

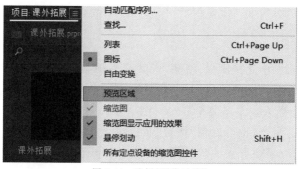

图 1-44　选择"预览区域"

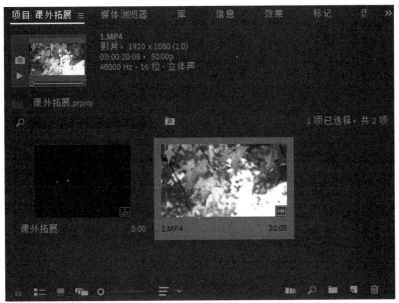

图 1-45　"项目"面板显示"预览区域"

3.保存和关闭项目文件

在项目文件的编辑过程中,完成一个阶段的编辑工作后,应及时保存项目文件,以避免因为误操作、程序故障、突然断电等意外的发生带来的损失。另外,对于操作复杂的大型编辑项目,还应养成阶段性地保存副本的工作习惯,以方便在后续的操作中,查看或恢复到之前的编辑状态。

(1)手动保存

在编辑过程中,可以单击菜单栏"文件"|"保存"命令,保存项目文件。若要改变保存路径或文件名,可以单击菜单栏"文件"|"另存为"命令。在弹出的"保存项目"对话框中,选择保存路径和填写要保存的文件名,单击"保存"按钮。

如果要保存项目的副本文件,可以单击菜单栏"文件"|"保存副本"命令,在弹出的"保存项目"对话框中,选择要保存副本的路径并写明副本的阶段性名称,以备将来查询使用,单击"保存"按钮即可保存项目副本。

(2)自动保存

我们也可以通过设置自动保存,让系统每隔一段时间对项目文件自动保存一次,来避免意外情况导致的数据丢失。设置自动保存的方法如下:

在 Premiere Pro CC 2019 中单击菜单栏"编辑"|"首选项"|"自动保存"命令,如图 1-46 所示,打开"首选项"对话框,勾选"自动保存项目",设置"自动保存时间间隔"为你希望的自动保存项目的时间,系统默认是 15 分钟执行自动保存操作一次。勾选"自动保存也会保存当前项目",单击"确定"按钮,如图 1-47 所示。

(3)关闭项目文件

单击菜单栏"文件"|"关闭项目"命令,可以关闭当前项目文件并返回主页界面,我们可以选择或新建项目进行操作。如果软件开启了多个项目文件,我们可以执行菜单栏"文件"|"关闭所有项目"命令,将开启的多个项目文件均关闭后回到主页界面。

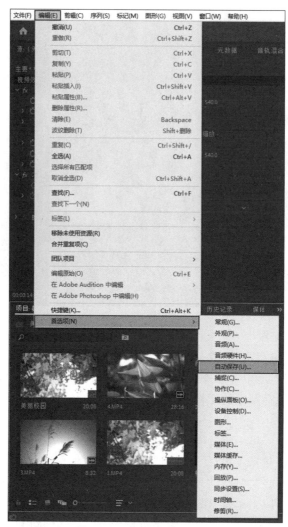

图 1-46　选择"自动保存"命令

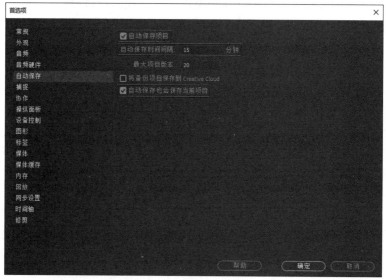

图 1-47　"首选项"对话框

4.输出项目文件

对所有素材编辑完成并预览作品效果后,可以按照需要的格式导出项目文件。单击菜单栏"文件"|"导出"|"媒体"命令,如图 1-48 所示。在打开的"导出设置"对话框中设置导出文件的格式、名称等参数后。单击"导出"按钮即可导出项目文件为可视听的媒体文件,可以用支持该格式的视频播放器播放观看效果,可参看图 1-35。

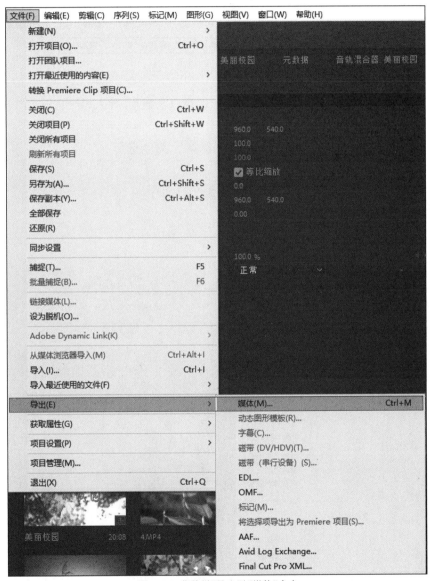

图 1-48　菜单栏"导出"|"媒体"命令

单击"格式"下拉菜单,可以选择输出媒体的格式;单击"输出名称"选项的右侧文字链接,可以打开"另存为"对话框,设置保存的位置和文件名,单击"保存"按钮即可;单击"视频"选项卡,在"基本视频设置"中可以设置输出视频的"宽度"、"高度"和"帧速率"等参数;单击"效果"选项卡,可以进行一些简单视频效果的加入;单击"音频"选项卡,可以对声道、采样率等参数进行设置。

1.3.3 软件界面和菜单的介绍

启动 Premiere Pro CC 2019 并新建项目后进入软件的工作界面,主要由菜单栏、"项目"面板、"时间轴"面板、"源素材监视器"面板、"工具"面板以及功能面板组成。下面分别进行介绍:

1.软件的命令菜单

Premiere Pro CC 2019 的主菜单分为"文件"、"编辑"、"剪辑"、"序列"、"标记"、"图形"、"视图"、"窗口"和"帮助",如图 1-49 所示,下面分别对各个菜单中的常用命令功能进行介绍。

文件(F) 编辑(E) 剪辑(C) 序列(S) 标记(M) 图形(G) 视图(V) 窗口(W) 帮助(H)

图 1-49　主菜单栏

(1)"文件"菜单

"文件"菜单主要包括新建、打开项目、关闭、保存以及捕捉、导入、导出、退出等项目文件操作的基本命令,如图 1-50 所示。

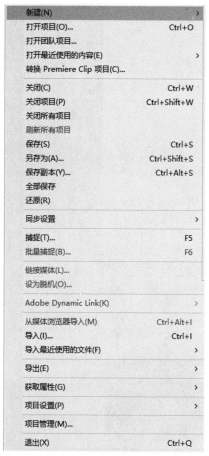

图 1-50　"文件"菜单

①新建:该项为级联菜单,其子菜单包含项目、序列、来自剪辑的序列、素材箱(文件夹)、脱机文件、调整图层、字幕、Photoshop 文件、彩条、黑场视频、颜色遮罩、通用倒计时片头、透明视频等选项。

②打开项目:打开一个已存在的项目文件。

③打开最近使用的内容:打开近期使用过的项目文件。

④关闭:关闭当前激活的窗口。

⑤保存副本:将当前编辑的项目改换名称后保存一个备份,但不改变当前编辑项目的文件名。

⑥还原:取消对当前项目所做的修改并恢复到最近保存时的状态。

⑦捕捉:利用附加的外部设施来采集多媒体剪辑。

⑧批量捕捉:自动通过指定的模拟视频设备或 DV 设备捕捉视频素材,进行多段视频剪辑的采集。

⑨从媒体浏览器导入:打开资源管理器,查找需要的素材剪辑并将其导入当前项目。

⑩导入:为当前项目导入所需的各种素材剪辑文件或整个项目。

⑪导出:执行该命令菜单中对应的命令,可以将编辑完成的项目输出成指定的文件内容。

⑫获取属性:该命令用于查看所选对象的原始文件属性,包括文件名、文件类型、大小、存放路径、图像属性等信息。

⑬项目设置:执行该命令子菜单中的"常规"|"暂存盘"命令,可以打开"项目设置"对话框并显示出对应的选项卡,方便用户在编辑过程中根据需要修改项目详细设置。

⑭项目管理:执行该命令,可以打开"项目管理器"对话框,对当前项目中所包含序列的相关属性进行设置,并可以选择指定的序列生成新的项目文件,另存到其他文件目录位置。

⑮退出:退出 Premiere 编辑程序。

(2)"编辑"菜单

"编辑"菜单中的命令主要用于对所选素材对象执行剪切、复制、粘贴,撤销或重做,设置首选项参数等操作,如图 1-51 所示。

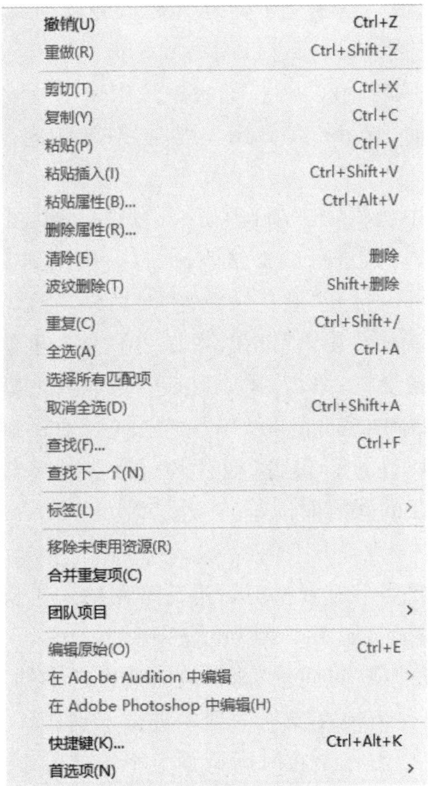

撤销(U)	Ctrl+Z
重做(R)	Ctrl+Shift+Z
剪切(T)	Ctrl+X
复制(Y)	Ctrl+C
粘贴(P)	Ctrl+V
粘贴插入(I)	Ctrl+Shift+V
粘贴属性(B)...	Ctrl+Alt+V
删除属性(R)...	
清除(E)	删除
波纹删除(T)	Shift+删除
重复(C)	Ctrl+Shift+/
全选(A)	Ctrl+A
选择所有匹配项	
取消全选(D)	Ctrl+Shift+A
查找(F)...	Ctrl+F
查找下一个(N)	
标签(L)	>
移除未使用资源(R)	
合并重复项(C)	
团队项目	>
编辑原始(O)	Ctrl+E
在 Adobe Audition 中编辑	>
在 Adobe Photoshop 中编辑(H)	
快捷键(K)...	Ctrl+Alt+K
首选项(N)	>

图 1-51 "编辑"菜单

①撤销:撤销上一步操作,还原到上一步时的编辑状态。

②重做：重复执行上一步操作。

③剪切、复制、粘贴：用来剪切、复制、粘贴剪辑。

④粘贴插入：将复制的剪辑粘贴到一个剪辑的中间。

⑤粘贴属性：执行该命令，将把原素材的效果、透明度设置、运动设置及转场效果等属性传递复制给另一个素材，方便快速完成在不同剪辑上应用统一效果的操作。

⑥清除：将在时间轴上的剪辑删除，但是其在"项目"面板中依然存在。

⑦波纹删除：在"时间轴"面板中，单击同一轨道中两个素材剪辑之间的空白区域，执行该命令，可以删除该空白区域，使后一个素材向前移动，与前一个素材首尾相连。该命令对锁定的轨道无效。

⑧重复：对"项目"面板中所选的对象进行复制，生成副本。

⑨全选、取消全选：这是一组相互对应的命令，用于选中全部对象，或取消全选操作。

⑩选择所有匹配项：对加入序列中的视频剪辑进行裁切分段后，选择其中一个并执行此命令，可以选中所有分段，即使它们已经被调整到不同的位置。

⑪查找：执行该命令，将打开"查找"对话框。在其中设置相关选项，或输入需要查找的对象的相关信息，可在"项目"面板中进行搜索。

⑫标签：在该命令的子菜单中，可以为"时间轴"面板中选中的剪辑设置对应的标签颜色，方便对剪辑进行分类管理或区别。

⑬移除未使用资源：执行该命令，可以将"项目"面板中没有被使用过的素材删除，方便整理项目内容。

⑭编辑原始：在"项目"面板中选中一个从外部导入的媒体素材后，执行该命令，可以启动系统中与该类型文件相关联的默认程序进行浏览或编辑。

⑮在 Adobe Audition 中编辑：在"项目"面板中选中一个音频素材或包含音频内容的序列时，执行对应的命令，可以启动 Adobe Audition 程序，对音频内容进行编辑处理，保存后应用到 Premiere 中。

⑯在 Adobe Photoshop 中编辑：在"项目"面板中选中一个图像素材时，执行该命令，可以打开 Adobe Photoshop 程序，对其进行编辑修改，保存后应用到 Premiere 中。

⑰快捷键：执行该命令，可以打开"键盘快捷键"对话框，查看 Premiere 中各个命令的快捷键设置。点选一个命令项后，单击"编辑"按钮，可以为该命令重新设置需要的快捷键；单击"清除"按钮，可以清除当前快捷键设置；单击"还原"按钮，可以恢复默认的快捷键设置。

⑱首选项：执行其子菜单中的命令，可以打开"首选项"对话框，对在 Premiere 中进行影片项目编辑的各种选项与基本属性进行设置，如视频过渡默认持续时间、静止图像默认持续时间、软件界面的亮度、自动保存的间隔时间等。

（3）"剪辑"菜单

"剪辑"菜单中的命令主要用于对素材剪辑进行常用的编辑操作，如重命名、插入、覆盖、编组、修改素材的速度/持续时间等，如图 1-52 所示。

①重命名：对"项目"面板中或"时间轴"面板的轨道中选中的素材剪辑进行重命名，但不会影响素材原本的文件名称，只是方便在操作管理中进行识别。

②制作子剪辑：子剪辑可以看作是在时间范围上小于或等于原剪辑的副本，主要用于提取视频、音频等素材剪辑中需要的片段。

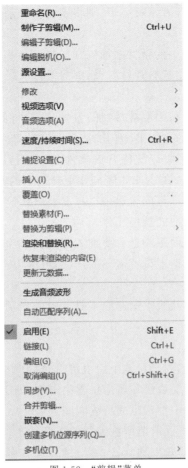

图 1-52 "剪辑"菜单

③编辑子剪辑：选择"项目"面板中的子剪辑对象，执行此命令，打开"编辑子剪辑"对话框，可以对子剪辑进行修改入点、出点的时间位置等操作。

④编辑脱机：选择"项目"面板中的脱机素材，执行此命令，可以打开"编辑脱机文件"对话框，对脱机素材进行注释，方便其他用户在打开项目时了解相关信息。

⑤源设置：在"项目"面板中选择一个从外部程序（如 Photoshop 等）中创建的素材剪辑，执行此命令，可以打开对应的导入选项设置窗口，对该素材在 Premiere 中的应用属性进行查看或调整。

⑥修改：在该命令的子菜单中，可以选择对源素材的视频参数、音频声道、时间码等属性进行修改。

⑦视频选项：对所选取的视频素材执行对应的选项设置。

⑧音频选项：对所选音频素材或包含音频的视频素材执行对应的选项设置。

⑨速度/持续时间：在"项目"面板或"时间轴"面板中，选择需要修改播放速度或持续时间的素材剪辑后，执行此命令，在打开的"剪辑速度/持续时间"对话框中，可以通过输入百分比数值或调整持续时间数值，修改所选对象的素材默认持续时间或在时间轴轨道中的持续时间。

⑩捕捉设置：该命令包含"捕捉设置"和"清除捕捉设置"两个子命令。执行"捕捉设置"命令，将打开"捕捉"面板并展开"设置"选项卡，对进行视频捕捉的相关选项参数进行设置。

⑪插入：将"项目"面板中点选的素材插入"时间轴"面板当前工作轨道中时间指针停靠的

位置。如果时间指针当前的位置有素材剪辑,则将该剪辑分割开并将素材插入其中,轨道中的内容增加相应的长度。

⑫覆盖:将"项目"面板中选中的素材添加到"时间轴"面板当前工作轨道中时间指针停靠的位置。如果时间指针当前的位置有素材剪辑,则覆盖该剪辑的相应长度,轨道中的内容长度不变。

⑬替换素材:选择"项目"面板中要被替换的素材 A,执行此命令,在弹出的"替换 * 素材"对话框中选择用以替换该素材的文件 B,单击"选择"按钮,即可完成素材的替换。勾选"重命名剪辑为文件名"选项,在替换后将以文件 B 的文件名在"项目"面板中显示。替换素材后,项目中各序列所有使用了原素材 A 的剪辑也将同步更新为新的素材 B。

⑭替换为剪辑:在"时间轴"面板的轨道中选择需要被替换的素材剪辑,可以在此命令的子菜单中选择需要的命令,执行对应的替换操作。

⑮自动匹配序列:在"项目"面板中选取要加入序列的一个或多个素材、素材箱,执行此命令,在打开的"序列自动化"对话框中设置需要的选项,可以将选中的对象加入当前工作序列目标轨道中的对应位置。

⑯启用:用于切换"时间轴"面板中所选取素材剪辑的激活状态。处于未启用状态的素材剪辑将不会在影片序列中显示出来,它在"节目监视器"面板中会变为透明,显示出下层轨道中的图像。

⑰编组:编组关系与链接关系相似,编组后也可以被同时应用添加的效果或被整体移动、删除等。区别在于:编组对象不受数量和轨道位置的限制,处于编组中的素材不能单独修改其基本属性,但可以单独调整其中一个素材的持续时间。

⑱取消编组:执行该命令,可以取消所选编组的组合状态。与取消链接一样,取消编组后,在编组状态时为组合对象应用的效果动画,也将继续保留在各个素材剪辑上。与取消链接不同,取消编组不能断开视频素材与其音频内容的同步关系。

⑲同步:在"时间轴"面板的不同轨道中分别选取一个素材剪辑后,执行此命令,可以在打开的"同步剪辑"对话框中选择需要的选项,将这些素材剪辑以指定方式快速调整到同步对齐。

⑳合并剪辑:在"时间轴"面板中选取一个视频轨道中的图像素材和一个音频轨道中的音频素材后,执行此命令,在弹出的"合并剪辑"对话框中为合并生成的新剪辑命名,并设置好两个素材的持续时间同步对齐方式,单击"确定"按钮,即可在"项目"面板中生成新的素材剪辑。

㉑嵌套:在"时间轴"面板中选择建立嵌套序列的一个或多个素材剪辑,执行此命令,在弹出的"嵌套序列名称"对话框中为新建的嵌套序列命名,然后单击"确定"按钮,即可将所选的素材合并为一个嵌套序列。生成的嵌套序列将作为一个剪辑对象添加在"项目"面板中,同时在原位置替换之前所选取的素材;在"项目"面板或"时间轴"面板中双击该嵌套序列,打开其"时间轴"面板,可以查看或编辑其中的素材剪辑。

㉒创建多机位源序列:当导入使用多机位摄像机拍摄的视频素材时,可以在"项目"面板中同时选取这些素材,创建一个多机位源序列,在其中可以很方便地对各个素材剪辑进行剪切的操作。

㉓多机位:在该命令的子菜单中选取"启用"命令后,可以启用多机位选择命令选项;在"时间轴"面板中选择多机位源序列对象后,在此选择需要在该对象中显示的机位角度;选择"拼合"命令,可将"时间轴"面板中所选的多机位源序列对象转换成一般素材剪辑,并只显示当前的机位角度。

（4）"序列"菜单

"序列"菜单中的命令，主要用于对项目中的序列进行编辑、管理、渲染片段、增删轨道、修改序列内容等操作，如图 1-53 所示。

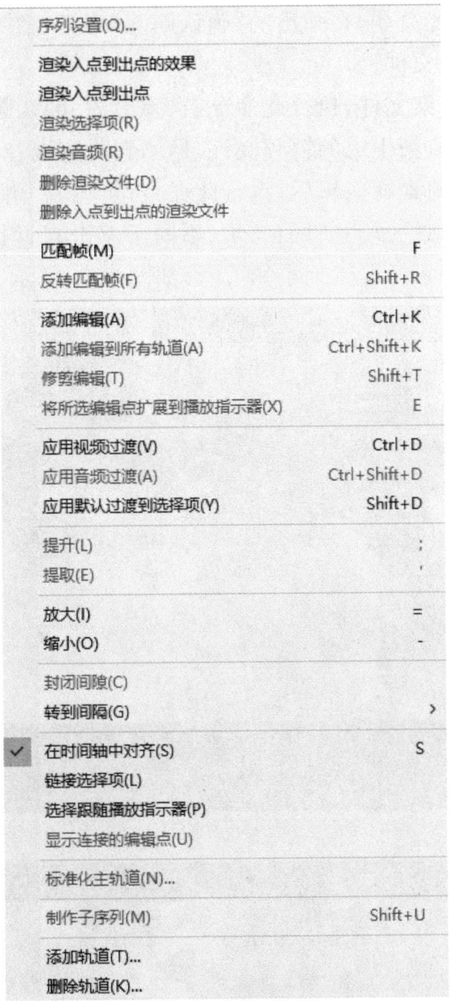

序列设置(Q)...	
渲染入点到出点的效果	
渲染入点到出点	
渲染选择项(R)	
渲染音频(R)	
删除渲染文件(D)	
删除入点到出点的渲染文件	
匹配帧(M)	F
反转匹配帧(F)	Shift+R
添加编辑(A)	Ctrl+K
添加编辑到所有轨道(A)	Ctrl+Shift+K
修剪编辑(T)	Shift+T
将所选编辑点扩展到播放指示器(X)	E
应用视频过渡(V)	Ctrl+D
应用音频过渡(A)	Ctrl+Shift+D
应用默认过渡到选择项(Y)	Shift+D
提升(L)	;
提取(E)	'
放大(I)	=
缩小(O)	-
封闭间隙(C)	
转到间隔(G)	>
✓ **在时间轴中对齐(S)**	S
链接选择项(L)	
选择跟随播放指示器(P)	
显示连接的编辑点(U)	
标准化主轨道(N)...	
制作子序列(M)	Shift+U
添加轨道(T)...	
删除轨道(K)...	

图 1-53　"序列"菜单

①序列设置：执行此命令，打开"序列设置"对话框，可查看或设置当前正在编辑的序列的基本属性。

②渲染入点到出点的效果：只渲染当前工作"时间轴"面板中，序列的入点到出点范围内添加的所有视频效果，包括视频过渡和视频效果；如果序列中的素材没有应用效果，则只对序列执行一次播放预览，不进行渲染。执行该命令后，将弹出"渲染进度"对话框，显示将要渲染的视频数量和进度。每一段视频效果都将被渲染生成一个视频文件。渲染完成后，在项目文件的保存目录中，将自动生成名为 Adobe Premiere Pro Preview Files 的文件夹并存放渲染得到的视频文件。

③渲染入点到出点：渲染当前序列中，各视频、图像剪辑持续时间范围内及重叠部分的影片画面，都将单独生成一个对应内容的视频文件。

④渲染选择项：渲染序列中当前选中的包含动画内容的素材剪辑，也就是视频素材剪辑，或应用了视频效果或视频过渡的剪辑；如果选中的是没有动画效果的图像素材或音频素材，那

么将执行一次该素材持续时间范围内的预览播放。

⑤渲染音频：渲染当前序列中的音频内容，包括单独的音频素材剪辑和视频文件中包含的音频内容，每个音频内容将渲染生成对应的＊.CFA 和＊.PEK 文件。

⑥删除渲染文件：执行此命令，在弹出的"确认删除"对话框中单击"确定"按钮，可以删除与当前项目关联的所有渲染文件。

⑦删除入点到出点的渲染文件：执行此命令，在弹出的"确认删除"对话框中单击"确定"按钮，可以删除从入点到出点渲染生成的视频文件，但不删除渲染音频生成的文件。

⑧匹配帧：点选序列中的素材剪辑后，执行此命令，可以在"源素材监视器"面板中查看到该素材剪辑的大小匹配序列画面尺寸时的效果（不同于双击素材打开"源素材监视器"面板时的原始大小效果），作为调整素材剪辑大小的参考，如图 1-54 所示。

（a）

（b）

图 1-54　执行"匹配帧"的效果

⑨添加编辑：执行此命令，可以将序列中选中的素材剪辑以时间指针当前的位置进行分割，以方便进行进一步的编辑。此命令的功能相当于"工具"面板中的"剃刀工具"。

⑩添加编辑到所有轨道：执行此命令，可以对序列中时间指针当前位置的所有轨道中的素

材剪辑进行分割,以方便进行进一步的编辑。

⑪修剪编辑:执行此命令,可以快速将序列中当前所有处于关注状态的轨道(轨道头的编号框为浅灰色,其轨道中素材剪辑的颜色为亮色;非关注状态的轨道头编号框为深灰色,其轨道中素材剪辑的颜色为暗色)中的素材,在最接近时间指针当前位置的端点变成修剪编辑状态;移动鼠标到修剪图标上按住并前后拖动,即可改变素材的持续时间;如果修剪位置在两个素材剪辑之间,那么在调整素材持续时间时,其中一个素材中增加的帧数将从相邻的素材中减去,也就是保持两个素材的总长度不变。处于关闭、锁定或非关注状态的轨道将不受影响。

⑫将所选编辑点扩展到播放指示器:在应用修剪编辑时,执行此命令,可以将"节目监视器"面板切换为修剪监视状态,同时在其中显示当前工作轨道中修剪编辑点前后素材的调整变化。

⑬应用视频过渡:执行此命令时,如果序列中选定的素材剪辑(及其主体)在时间指针当前位置之前,那么将在该素材的开始位置应用默认的视频过渡效果;如果选定的素材剪辑(及其主体)在时间指针当前位置之后,将在该素材的结束位置应用默认的视频过渡效果。

⑭应用音频过渡:执行此命令时,如果序列中选定的音频剪辑(及其主体)在时间指针当前位置之前,那么将在该素材的开始位置应用默认的音频过渡效果,即"恒定功率";如果选定的音频剪辑(及其主体)在时间指针当前位置之后,将在该素材的结束位置应用默认的音频过渡效果。

⑮应用默认过渡到选择项:执行此命令时,如果序列中选定的素材剪辑(及其主体)在时间指针当前位置之前,那么将在该素材的开始位置应用默认的视频或音频过渡效果;如果选定的素材剪辑(及其主体)在时间指针当前位置之后,将在该素材的结束位置应用默认的视频或音频过渡效果。

⑯提升:在"时间轴"面板的时间标尺中标记了入点和出点时,执行此命令,可以删除所有处于关注状态的轨道中的素材剪辑在入点与出点区间内的部分,删除的部分将留空;处于关闭、锁定或非关注状态的轨道将不受影响。

⑰提取:执行此命令,可以删除所有轨道中的素材剪辑在时间标尺中入点与出点时间范围内的部分,素材剪辑后面的部分将自动前移以填补删除部分;只有处于锁定状态的轨道不受影响。

⑱放大和缩小:对当前处于关注状态的"时间轴"面板或"节目监视器"面板中的时间显示比例进行放大(快捷键为=)和缩小(快捷键为-),方便进行更精确的时间定位和编辑操作。

⑲转到间隔:在该命令的子菜单中选择对应的命令,可以快速将"时间轴"面板中的时间指针跳转到对应的位置(序列的分段以当前时间指针所停靠素材群的最前端或最末端为参考,轨道的分段以当前所选中轨道中素材的入点或出点为参考)。

⑳在时间轴中对齐:在选中该命令的状态下,在"时间轴"面板中移动或修剪素材到接近靠拢时,被移动或修剪的素材将自动靠拢并对齐前面或后面的素材,以方便准确地将两个素材调整到首尾相连,避免在播放时出现黑屏画面。

㉑标准化主轨道:执行该命令,可以为当前序列的主音轨设置标准化音量,对序列中音频内容的整体音量进行提高或降低。

㉒添加轨道:执行该命令,可以在弹出的"添加视音轨"对话框中,设置要添加视频或音频轨道的数量与位置,以满足作品编辑的需要。

㉓删除轨道:执行该命令,可以在弹出的"删除轨道"对话框中,选择要删除的视频或音频

轨道将其删除。

（5）"标记"菜单

"标记"菜单中的命令，主要用于在"时间轴"面板的时间标尺中设置序列的入点、出点并引导跳转导航，以及添加位置标记、章节标记等操作，如图1-55所示。

标记入点(M)	I
标记出点(M)	O
标记剪辑(C)	X
标记选择项(S)	/
标记拆分(P)	>
转到入点(G)	Shift+I
转到出点(G)	Shift+O
转到拆分(O)	>
清除入点(L)	Ctrl+Shift+I
清除出点(L)	Ctrl+Shift+O
清除入点和出点(N)	Ctrl+Shift+X
添加标记	M
转到下一标记(N)	Shift+M
转到上一标记(P)	Ctrl+Shift+M
清除所选标记(K)	Ctrl+Alt+M
清除所有标记(A)	Ctrl+Alt+Shift+M
编辑标记(I)...	
添加章节标记...	
添加 Flash 提示标记(F)...	
✓ 波纹序列标记	
复制粘贴包括序列标记	

图 1-55 "标记"菜单

①标记入点/出点：默认情况下，在没有自定义入点或出点时，序列的入点即开始点（00：00：00：00），出点为"时间轴"面板中素材剪辑的最末端点。设置自定义的序列入点、出点，可以作为影片渲染输出时的源范围依据。将时间指针移动到需要的时间位置后，执行"标记入点"或"标记出点"命令，即可在时间标尺中标记出序列的入点或出点。将鼠标指针移动到设置的序列入点或出点上，当鼠标指针改变形状后，即可按住并向前或向后拖动，调整当前序列入点或出点的时间位置。

②标记剪辑：以"时间轴"面板中，处于关注状态的视频轨道中所有素材剪辑的全部长度设置标记范围。

③标记选择项：以当前"时间轴"面板中被选中的素材剪辑的长度设置标记范围。

④转到入点/出点：执行对应的命令，可快速将时间指针跳转到时间标尺中的入点或出点位置。

⑤清除入点/出点：执行对应的命令，可清除时间标尺中设置的入点或出点。

⑥清除入点和出点：执行此命令，同时清除时间标尺中设置的入点和出点。

⑦添加标记：执行此命令，可以在时间标尺的上方添加定位标记，除了可以用于快速定位时间指针外，主要用于为影片序列在该时间位置编辑注释信息，方便为其他协同的工作人员或以后打开影片项目时，了解当时的编辑意图或注意事项。可以根据需要在时间标尺上添加多个标记

⑧转到下/上一标记：执行对应的命令，可快速将时间指针跳转到时间标尺中下一个或上

一个标记的开始位置。

　　⑨清除所选标记：执行此命令，可清除时间标尺中时间指针选中的标记。

　　⑩清除所有标记：执行此命令，清除时间标尺中的所有标记。

　　⑪编辑标记：在时间标尺中点选一个标记后，执行此命令，可以在打开的"标记@……"对话框中为该标记命名，以及设置其在时间标尺中的持续时间，如图 1-56 所示；在"注释"文本框中可以输入需要的注释信息；在"选项"栏中可以设置标记的类型；单击"上一个"或"下一个"按钮，可以切换时间标尺中前后的其他标记进行查看和编辑；单击"删除"按钮，可以删除当前时间位置的标记。

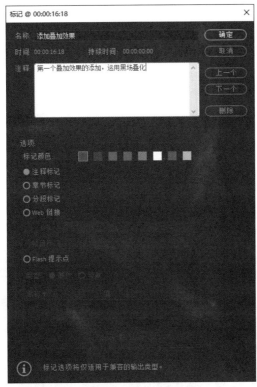

图 1-56　"标记@……"对话框

（6）"图形"菜单

"图形"菜单主要用于新建图层，对素材字幕进行操作，包括文本、直排文字、矩形、椭圆形、来自文件等，是较新的一个功能，如图 1-57 所示。

图 1-57　"图形"菜单

①从 Adobe Fonts 添加字体：浏览字体并下载所需的字体。

②安装动态图形模板：可以选择.mogrt 格式的模板进行安装。

③新建图层：新建图层类型包括文本、直排文本、矩形、椭圆形、来自文件等。

④选择下一个图形：选择该图层下层的第一个对象。

⑤选择上一个图形：选择该图层上层的第一个对象。

⑥升级为主图：单击即可将当前文本图层升级为图形。

（7）"视图"菜单

"视图"菜单主要用于软件窗口的显示设置，包括分辨率、显示模式、放大率、显示标尺等。

（8）"窗口"菜单

"窗口"菜单中的命令，主要用于切换程序窗口工作区的布局，以及其他工作面板的显示。

（9）"帮助"菜单

通过"帮助"菜单，可以打开软件的在线帮助系统、登录用户的 Adobe ID 账户或更新程序。

2.常用面板的介绍

（1）"项目"面板

"项目"面板主要用来管理当前项目中用到的各种素材，编辑作品所用的全部素材应该首先导入并存放于"项目"面板内，才能进行编辑使用，如图 1-58 所示。"项目"面板的素材可用列表和图标两种视图方式显示，可随时查看和调用"项目"面板中的所有素材文件，包括素材的缩略图、名称、格式等信息。

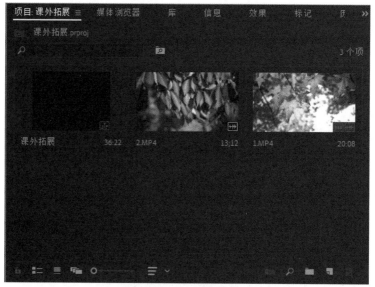

图 1-58　"项目"面板（2）

在素材较多时，可以单击面板右下角的"新建素材箱"按钮，新建素材箱，分类存放导入的素材，统一管理。并可以单击鼠标右键给每个素材箱重命名，使之更清晰。单击面板右下角的"自动匹配序列"按钮，可以自动将选中的素材添加到时间轴当前序列的轨道上。单击面板右下角的"查找"按钮，可以在素材列表中按条件查找所需素材，比较适用于在众多素材中快速查找定位所需素材。单击面板右下角的"新建项"按钮，弹出新建项的菜单，比如序列、彩条、字幕等,选择新建项的类型并在打开的对话框中设置参数进行创建,创建好的项目素材会显示在"项目"面板的列表中,以便随时使用;如果要删除某个素材,可以将它拖到面板右下角的"清除"按钮 🗑 上并松开鼠标即可,或选中某个素材,单击"清除"按钮。

单击面板左下角的"在只读与读/写之间切换项目"按钮 🔓 ,可以将"项目"面板锁定变为只读项目,对该项目的素材、序列不能进行任何操作;单击面板左下角的"列表视图"按钮 ,可以让素材以列表形式显示,这种形式虽然不会显示视频或者图像的第一个画面,但是可以显示素材的类型、名称、帧速率、持续时间、文件名称、视频信息、音频信息和持续时间等,是素材信息提供最多的一个显示形式;单击面板左下角的"图标视图"按钮 ,可以让素材以图标形式显示,这种形式会在每个文件下面显示出文件名、持续时间,可以预览素材的内容;拖曳"调整图标和缩览图的大小"滑块 ,可以放大或缩小显示比例。

单击面板左上角的下拉菜单 ,可以打开面板的快捷菜单,如图 1-59 所示。

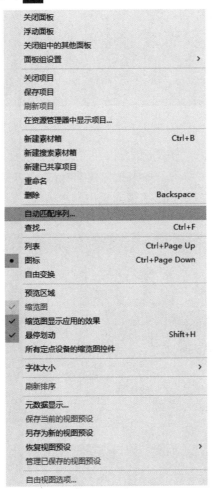

图 1-59　项目的下拉菜单

①浮动面板:选取该命令,可以使当前选中的窗口变为浮动面板,将其自由拖放到面板中的其他位置。

②重命名:可对导入的对象进行重命名,便于在项目中快速、准确地查看需要的内容,但不会改变素材在计算机中的实际名称。

③删除：在"项目"面板中删除导入的素材，不会影响到素材在计算机中的实际存储状况。

④预览区域：通过选择或取消该命令，在"项目"面板中显示或隐藏上方的预览区域。

⑤缩览图：选择该命令后，素材图标由文件类型图标变成内容缩览图。

⑥元数据显示：选择该命令，可以在打开的"元数据显示"对话框中添加和排列显示的素材属性，如图1-60所示。

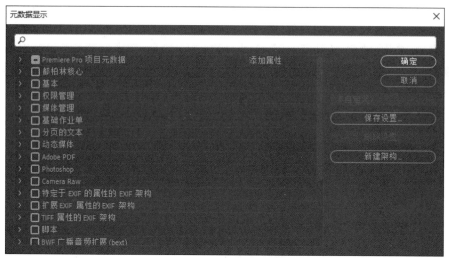

图1-60　"元数据显示"对话框

（2）"源素材监视器"面板

源素材监视器主要用来播放、预览源素材，并可以对源素材进行初步的编辑操作，例如设置素材的入点、出点，如图1-61所示。如果是音频素材，就会以波状方式显示。源素材监视器在初始状态下是不显示画面的，如果想在该面板中显示画面，可以将"项目"面板中的素材直接拖动到该面板中，也可以双击"项目"面板中的素材，将该素材在源素材监视器中显示。

图1-61　"源素材监视器"面板

源素材监视器的上方显示的是素材名称；中间部分是监视画面，可以对素材进行播放预览；下方分别是播放指示器、窗口素材显示比例、素材回放分辨率、素材总长度时间码显示；再下方是时间标尺、时间标尺缩放器以及时间编辑滑块，如图1-62所示；最下方是源素材监视器的控制器及功能按钮,单击"按钮编辑器" 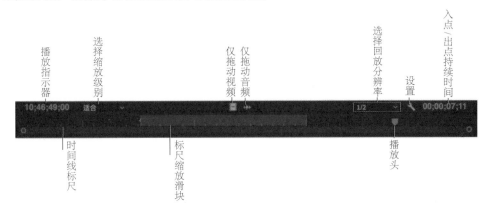 ,如图 1-63 所示,选择所需按钮,单击"确定"按钮即可添加按钮。鼠标停留在按钮上会有提示出现。

图 1-62　"源素材监视器"面板说明

图 1-63　按钮编辑器

（3）"节目监视器"面板

在节目监视器中显示的是音/视频编辑合成后的效果,可以对"时间轴"面板中正在编辑的序列进行实时的预览,也可以在面板中对影片中应用的剪辑进行移动、变形、缩放等操作,如图 1-64 所示。

图 1-64　"节目监视器"面板

在源素材监视器和节目监视器的下方,都有一排时间码和用以对内容播放进行控制的按钮。下面以节目监视器的控制按钮为例进行介绍,如图1-65所示。

图 1-65 "节目监视器"面板按钮编辑器

①播放/停止 ▶ / ■ :从目前帧开始播放/停止播放影片。

②后退一帧/前进一帧 ◀| / |▶ :每单击此按钮一次,倒退/前进一帧。

③转到入点/转到出点 |← / →| :跳转到入点/出点位置。

④添加标记 ▼ :每单击此按钮一次,添加一个无序号的标记点。

⑤标记入点/标记出点 { / } :单击此按钮,可将时间指针的目前位置标记为素材剪辑的视频入点/出点。如果是在源素材监视器中为素材标记视频入点和出点,在加入序列时,将只显示标记的视频入点到出点之间的范围。将鼠标指针移动到时间标尺的入点或出点上,当鼠标指针改变形状后按住并向前或向后拖动,可以改变其位置。

⑥提升 ᵇ :将在"节目监视器"面板中标注的剪辑从"时间轴"面板中清除,其他剪辑位置不变。

⑦提取 ᵇᵇ :将在"节目监视器"面板中标注的剪辑从"时间轴"面板中清除,后面的剪辑依次前移。

⑧导出帧 ◉ :单击该按钮打开"导出帧"对话框,将当前画面输出为单帧图像文件。

⑨比较视图 ᵇ :单击该按钮,监视器显示为比较视图,可以直观对比效果,如图1-66所示。

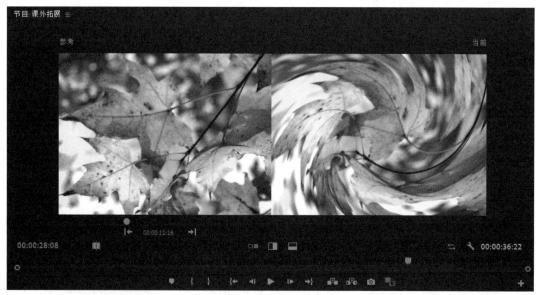

图 1-66 比较视图

(4)"时间轴"面板

"时间轴"面板就是序列面板,由视频轨道和音频轨道构成,是完成编辑素材、组合素材的工作区域,如图1-67所示。一般的编辑工作包括编辑组合、视频特效、音频特效以及转场特效都可以在"时间轴"面板中完成。素材片段按照播放的时间

序列的建立和
时间轴介绍

先后顺序以及合成的前后层顺序在时间轴上从左至右、由上至下排列在各自的轨道上。可以使用"工具"面板中的工具对轨道上的素材进行编辑操作。"时间轴"面板的上方是时间显示区（详细介绍见本书项目 3），下方是视频和音频轨道编辑区。

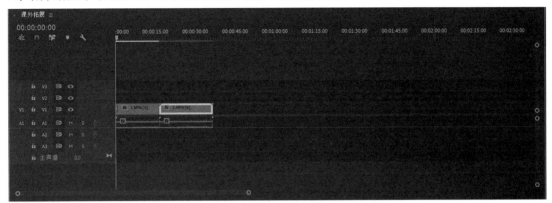

图 1-67　"时间轴"面板

轨道编辑区是用来放置和编辑视频、音频素材的地方。对现有的轨道可以添加和删除，使用"序列"主菜单中的"添加轨道"和"删除轨道"的命令即可。对轨道还可以进行锁定、隐藏、扩展和收缩的设置。

影视编辑常会涉及多条音频轨道。可以将同期音频、旁白、背景音乐等声音各自独立放置在不同的音频轨道上，使编辑工作更清晰便捷。当轨道中的音频是伴随视频一同录制的同期声时，可以在其轨道上单击鼠标右键并选择"解除音/视频链接"命令，取消链接，这样音频的编辑就不会对相应的视频部分产生影响了。

时间标尺用来显示序列的时间，拖动时间标尺可以在"节目监视器"面板中浏览作品内容。时间标尺的数字下方有一条细线，通常颜色为红色、黄色或绿色。当细线为红色时，其下方对应的视频段落需要渲染，黄色表明视频不一定需要渲染，绿色表明对应视频已经完成渲染。

音/视频轨道编辑区的常用快捷按钮介绍如下：

①切换轨道输出 ：设置轨道可视属性，单击该图标则轨道隐藏不可视。

②切换轨道锁定 ：设置轨道锁定，单击该图标则轨道被锁定，轨道上覆盖灰色斜线，不可进行任何编辑操作；再次单击按钮可取消锁定。

（5）"工具"面板

"工具"面板包含了一些在进行素材编辑操作时常用的工具，它是一个独立的活动窗口，单独显示在工作界面上，如图 1-68 所示。下面对各个工具按钮进行介绍：

①选择工具 ：该工具用于对剪辑进行选择、移动，并可以调节剪辑关键帧、为剪辑设置入点和出点。

②轨道选择工具 ：使用该工具在时间轴轨道中单击，可以选中所有轨道中在鼠标单击位置及以后的所有轨道中的素材进行编辑。

图 1-68　"工具"面板

③波纹编辑工具 ：使用此工具拖动素材的入点或出点，可改变素材的持续时间，但相邻素材的持续时间保持不变。被调整素材与相邻素材之间所相隔的时间保持不变。

④剃刀工具：此工具用于对素材进行分割,使用"剃刀工具"可将素材分为两段,并产生新的入点、出点。按住 Shift 键可将"剃刀工具"转换为"多重剃刀工具",可一次将多个轨道上的素材在同一时间位置进行分割。

⑤外滑工具：该工具主要用于改变动态素材的入点和出点,保持其在轨道中的长度不变,不影响相邻的其他素材,但其在序列中的开始画面和结束画面发生相应改变。选取该工具后,在轨道中的动态素材上按住并向左或向右拖动,可以使其在影片序列中的视频入点与出点向前或向后调整。同时,在"节目监视器"面板中也将同步显示对其入点与出点的修剪变化。

⑥钢笔工具：此工具用于框选、调节素材上的关键帧,按住 Shift 键可同时选择多个关键帧,按住 Ctrl 键可添加关键帧。

⑦手形工具：在对一些较长的影视素材进行编辑时,可使用手形光标拖动轨道显示出原来看不到的部分。其作用与时间轴面板下方的滚动条相同,但在调整时要比滚动条更加容易调节且更准确。

⑧文字工具：可在节目监视器中单击鼠标输入文字,从而创建水平字幕文件。

(6)"效果"面板

"效果"面板中包含了预设、Lumetri 预设、音频效果、音频过渡、视频效果和视频过渡 6 个文件夹,如图 1-69 所示。单击面板下方的"新建自定义素材箱"按钮，可以新建文件夹,用户可将常用的特效放置在新建文件夹中,便于在制作时使用。直接在"效果"面板上方的查找框中输入特效名称,按 Enter 键,即可找到所需要的特效。

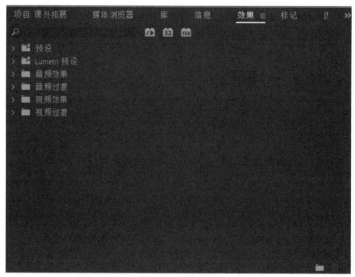

图 1-69 "效果"面板

(7)"效果控件"面板

"效果控件"面板用于设置添加到剪辑中的特效。默认状态下,显示了运动和不透明度两个基本属性。在添加了过渡特效、视频/音频特效后,会在其中显示对应的具体设置选项,如图 1-70 所示。

(8)"历史记录"面板

"历史记录"面板记录了从建立项目以来所进行的所有操作,如图 1-71 所示。如果在操作中执行了错误的操作,或需要恢复到数个操作之前的状态,就可以单击"历史记录"面板中记录的相应操作名称,返回到错误操作或多个操作之前的编辑状态。

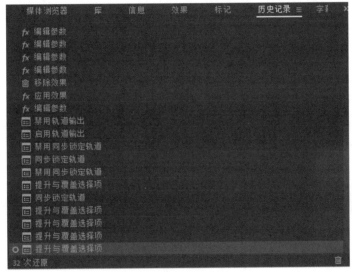

图 1-70 "效果控件"面板

图 1-71 "历史记录"面板

(9)预设面板

预设面板中包含很多种关于工作界面各个区域分布的预设,第一次打开软件后,看到的默认工作界面是预设面板中的编辑模式,为了满足不同的工作需求,软件提供了多种预设面板,如图 1-72 所示。多种预设面板可以让用户更容易地进行特定任务。例如,编辑视频时,选择编辑模式;处理音频时,选择音频模式;校正颜色时,选择颜色模式。用户也可以根据自身需求,自定义预设面板。虽然预设面板的模式较多,但是每种模式都是相通的,只是工作界面的布局、侧重点不一致而已。初期学习时,建议选择编辑模式,它是一种常用的预设面板。

图 1-72 预设面板

1.3.4 作品制作流程简介

1.制定脚本和搜集素材

要制作完整的影视效果,要有创造的构思,准备充分的素材,通过视频编辑软件 Premiere Pro CC 2019 按照作品构思来组合成为一个完整的作品。将构思拟好

剪辑的流程

提纲并详细进行细节描述,形成脚本,作为编辑视频的参考和指导。按照脚本的要求搜集各种素材,素材的类型是多样化的,也可以从外部设备中导入素材,例如从 DV 摄像机连接电脑获取视频素材等。

2.建立项目

在 Premiere Pro CC 2019 中,数字视频作品成为项目,而不是视频。因为该软件不仅能创建一个作品,还能编辑管理作品的资源、创建字幕、设计转场效果和制作各类特效等,一次作品不仅仅是一个视频,而是整个项目内容。

3.导入素材

在 Premiere Pro CC 2019 项目中可以导入音频、视频和图像等多种格式的素材。导入"项目"面板中后,可以预览素材,对素材进行粗剪,比如排列素材的前后顺序、删除素材多余部分等。

4.精剪素材

素材粗剪完成后,可以根据导演意图和构思脚本,对素材内的画面进行转场、校色、加入各类适当效果等方面的精细剪辑,具体操作将在后续项目中逐步学习。

5.添加字幕

如果存在文字素材可以直接导入,如果没有也可以通过创建字幕获得文字素材。一部完整的作品应当具有片头字幕、片中的提词字幕或说明介绍性字幕以及片尾字幕等内容。

6.保存项目文件并导出影片

视频编辑结束后可以整体播放预览效果,待检查无误后保存项目,根据需要选择一种压缩格式,导出作品。

1.4　课外拓展

本节中将利用素材中提供的图片和音乐,设置首选项中静态图像的持续时间,按照所讲的作品制作流程,来制作完成一个风景短片并导出作品。具体制作的工程文件与成品可见配套资源包。

制作风景短片

项目2 文件的导入和导出
——坚韧不拔,做信念的坚守者

教学案例

- 导入各种格式的文件进行剪辑,并导出成不同格式的媒体文件。

教学内容

- 导入不同格式的素材文件;导出参数的调整;导出不同格式的媒体文件。

教学目标

- Premiere 可导入的文件格式和可导出的文件格式。
- 导出参数的设置。
- 渲染导出媒体文件的格式。

项目的建立和
素材的导入

职业素养

- 中国有句古语,"善始善终者,必能成大器也"。做事情应该善始善终、坚韧不拔,始于计划,终于目标。

项目分析

- 作品剪辑尤其如此,在制作音/视频效果的过程中,首先应该将准备好的素材文件导入Premiere 的编辑项目中,Premiere 支持处理多种格式的素材文件,这大大丰富了素材来源。当对制作好的内容感到满意时,可将制作好的剪辑内容按要求进行导出,并设置所需的媒体文件格式。

2.1　案例简介

Premiere Pro CC 2019 支持处理多种格式的素材文件,这大大丰富了素材来源,为制作精彩的视频作品提供了有利条件。要制作音/视频效果,首先应该将准备好的素材文件导入 Premiere 的编辑项目中。由于素材文件的种类不同,因此导入素材文件的方法也不相同。当对制作好的内容感到满意时,可将制作好的剪辑内容按要求进行导出,并设置所需的媒体文件格式。本项目主要介绍导入、导出各种格式文件的方法。

2.2　课上演练

2.2.1　素材的导入

剪辑中用到的素材多数为视频格式,但也可能是其他格式,下面讲解四种常用文件格式的导入案例。

1.导入音/视频素材

音/视频素材是 Premiere 最常用的素材文件,导入的方法也很简单,只要计算机安装了相应的音/视频解码器,不需要进行其他设置就可以直接将其导入。将音/视频素材导入 Premiere 的编辑项目中的具体操作步骤如下:

步骤 1　启动 Premiere 软件,新建一个名为"导入与导出"的项目,单击"确定"按钮创建空白项目文档,如图 2-1 所示。

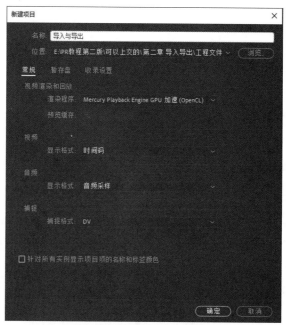

图 2-1　新建"导入与导出"项目

  步骤 2 在"项目"面板空白处双击,快捷打开"导入"对话框,选择音/视频格式的文件,单击"打开"按钮即可,如图 2-2 所示。这样就会将选择的音/视频素材文件导入"项目"面板中,如图 2-3 所示。

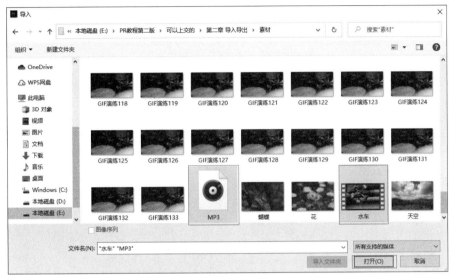

图 2-2 "导入"对话框

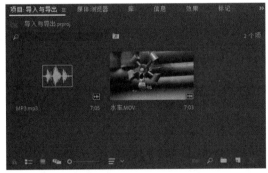

图 2-3 将素材导入"项目"面板

  步骤 3 将视频素材文件"水车.mov"拖曳到"时间轴"面板的空白处,"时间轴"面板就会自动生成一个以"水车"命名的序列,如图 2-4 所示。此时,这个自动生成的序列是按照所导入的素材大小和格式进行设置的,这样就可以在"时间轴"面板对素材进行组合编辑操作了。

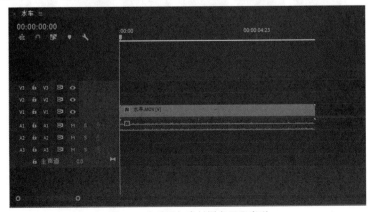

图 2-4 自动添加素材同名匹配序列

2.导入图像素材

图像素材是静帧文件，可以在 Premiere 中被当作视频文件或字幕文件来进行使用。导入图像素材的具体操作步骤如下：

步骤 1　在刚刚建立的"导入与导出"项目中，执行菜单栏"文件"|"导入"命令，如图 2-5 所示。

图 2-5　菜单栏中的"导入"命令

步骤 2　在打开的"导入"对话框中，选择"＊.jpg"文件，本案例中，有三个图像素材（蝴蝶.jpg、花.jpg、天空.jpg）可以选择，我们可以按住 Ctrl 键的同时进行选择，选中后单击"打开"按钮即可，如图 2-6 所示。

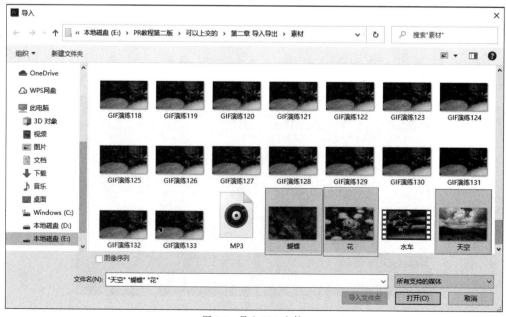

图 2-6　导入 JPG 文件

步骤 3 在"项目"面板中,已出现刚刚导入的三个图像素材,如图 2-7 所示。系统默认静态图像导入的时间长度为 5 秒,但实际上,静态图像是没有时长限制的,如果需要更长/更短的时间,我们可以在"时间轴"面板将素材拉长/缩短。

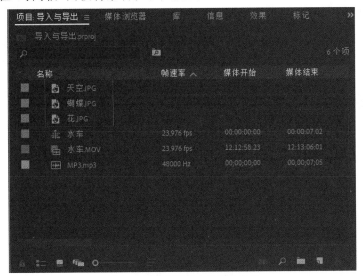

图 2-7 "项目"面板中的 JPG 文件

3.导入序列文件素材

序列文件是带有统一编号的图像文件,把序列文件中的一张图片导入 Premiere,它就是静态图像文件。如果把它们按照序列全部导入,系统就自动将这个整体作为一个视频文件。导入序列文件的具体操作步骤如下:

步骤 1 在刚刚建立的"导入与导出"项目中,在"项目"面板的空白处单击鼠标右键,在快捷菜单中选择"导入",如图 2-8 所示。

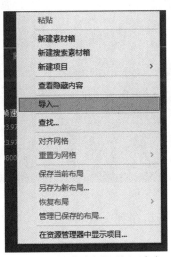

图 2-8 快捷菜单中的"导入"命令

步骤 2 在打开的"导入"对话框中,打开"序列文件"文件夹,可以看到里面有很多带编号的图片,我们选择第一张"水竹 00.tif"文件,然后在下方勾选"图像序列",如图 2-9 所示。

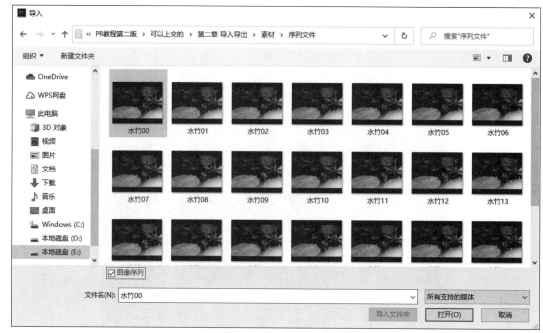

图 2-9　导入序列文件

步骤 3　单击"打开"按钮,即可将序列文件合成为一段视频文件导入"项目"面板中,如图 2-10 所示,可以看到这段视频的时长是 1 秒。

图 2-10　"项目"面板中的序列文件

步骤 4　在"项目"面板中双击该序列文件,将其导入源素材监视器中,可以播放、预览视频的内容,如图 2-11 所示。

4.导入图层文件素材

图层文件也是静帧图像文件,与一般的图像文件区别在于,图层文件包含了多个相互独立的图像图层。在 Premiere Pro CC 2019 中,可以将图层文件的所有图层作为一个整体导入,也可以单独导入其中一个图层。把图层文件导入 Premiere 的项目中并保持图层信息不变的具体操作步骤如下:

图 2-11 预览素材

步骤 1 在刚刚建立的"导入与导出"项目中,使用快捷键 Ctrl+I,打开"导入"对话框,打开里面的"图层文件"文件夹,选择"多图层.psd"图层文件,单击"打开"按钮,如图 2-12 所示。

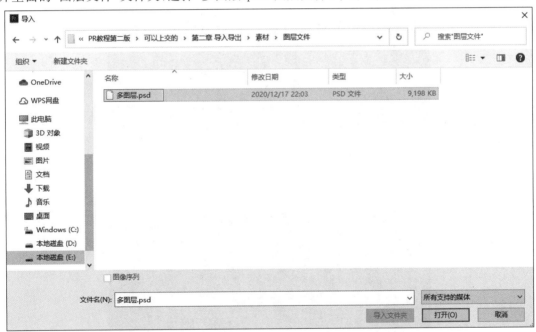

图 2-12 导入图层文件

步骤 2 弹出"导入分层文件:多图层"对话框,其中"导入为"下拉列表框中各选项的说明如下:"合并所有图层"用于合并图层文件的所有图层;"合并的图层"用于选择需要合并的图层;"各个图层"用于选择单个图层并导入;"序列"用于以序列的方式导入多图层文件。在默认情况下,设置"导入为"选项为"序列",这样就可以将所有的图层全部导入并保持各个图层的相互独立,如图 2-13 所示。

图 2-13 "导入分层文件：多图层"对话框

步骤 3 单击"确定"按钮，即可导入"项目"面板中。展开该"多图层"文件夹，可以看到文件夹下面包括多个独立的图层文件，如图 2-14 所示。

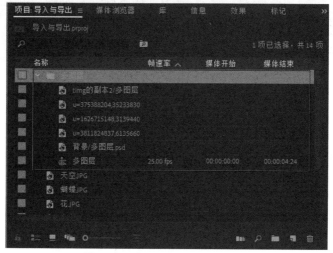

图 2-14 "项目"面板中的多图层文件

步骤 4 在"项目"面板中，双击"多图层"文件夹，会弹出"素材箱"面板，在该面板中显示了文件夹下的所有独立图层，如图 2-15 所示。

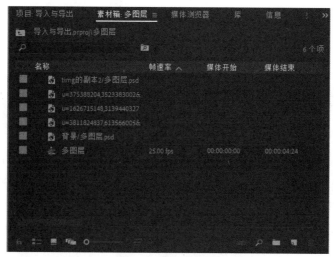

图 2-15 "素材箱"面板

2.2.2 素材的导出

在 Premiere 中,可以选择把文件导出成能在媒体上直接播放的多媒体节目,也可以导出为专门在计算机上播放的静止图片序列或是动画文件。在设置文件的导出操作时,首先必须知道自己制作这个作品的要求和目的,以及这个作品面向的对象,然后根据作品的应用场合和质量要求选择合适的导出格式。下面讲解几种常用文件格式的导出案例。

1.导出视频格式文件

步骤 1 在之前建立的"导入与导出"项目中,我们已经导入了各种格式的素材,这些素材经过组合编辑,都可以导出为可播放的视频格式多媒体文件。我们将之前导入的序列文件"水竹 00.tif"拖曳到时间轴 V1 轨道上,如图 2-16 所示。我们将该序列文件导出成播放软件可以观看的视频文件。

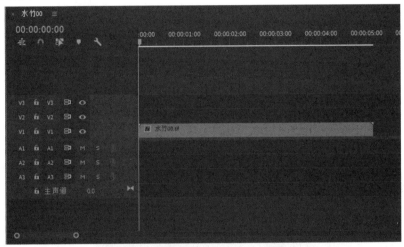

图 2-16　添加序列文件到 V1 轨道

步骤 2 在导出前,我们可以在节目监视器中单击"播放"按钮 ▶ 预览作品,最后再检查一遍作品对不合适的地方进行调整,如图 2-17 所示。

图 2-17　在"节目监视器"面板中预览文件

步骤 3 预览完成后,执行菜单栏中"文件"|"导出"|"媒体"命令,如图 2-18 所示。

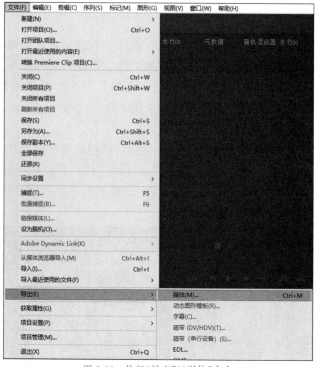

图 2-18　执行"导出"|"媒体"命令

步骤 4　弹出"导出设置"对话框，打开"格式"下拉列表，如图 2-19 所示。在"格式"下拉列表中有多种常用的视频格式：

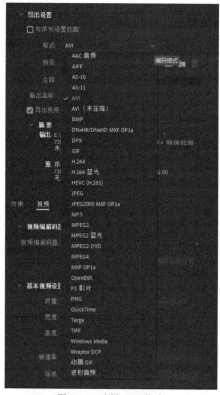

图 2-19　选择 AVI 格式

- AVI:输出为经过压缩的 Windows 操作平台数字电影,适合保存较高质量的影片数据,文件较大,能在各类播放软件上进行播放,无须下载其他音/视频插件。

- AVI(未压缩):输出为不经过任何压缩的 Windows 操作平台数字电影,适合保存最高质量的影片数据,文件较大。

- H.264、H.264 蓝光:输出为高性能视频编解码文件,适合输出高清视频和录制蓝光光盘,文件清晰且较小。

- MPEG4:输出为压缩比较高的视频文件,文件较小,适合在移动设备或网络上播放。

- MPEG2、MPEG2-DVD:输出为 MPEG2 编码格式的文件,适合录制 DVD 光盘。

- QuickTime:输出为 MOV 格式的数字电影,适合与苹果公司的 Mac 系列计算机进行数据交换。

- Windows Media:输出为 Windows 操作平台专有流媒体格式,适合在网络和移动设备上播放。

步骤 5　这里,我们设置"格式"为"AVI","预设"会进行相应调整,单击"输出名称"右侧的文字,弹出"另存为"对话框,在该对话框中设置作品名称为"视频格式",并设置导出路径,如图 2-20 所示,单击"保存"按钮。导出的详细路径在"摘要"中可以看到。

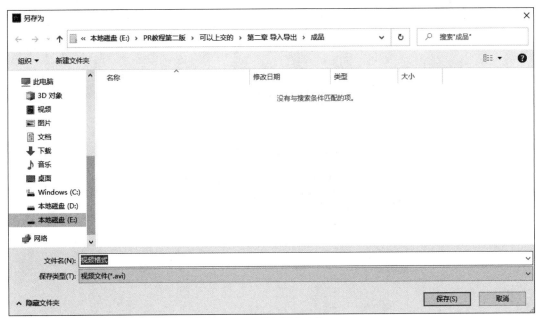

图 2-20　设置导出路径

步骤 6　因为该文件仅有视频没有音频,所以取消勾选"导出音频",仅仅导出视频即可。在下方勾选"使用最高渲染质量",然后单击"导出"按钮,如图 2-21 所示,会弹出"编码"进度框,如图 2-22 所示。

步骤 7　等编码完毕就可以在保存路径中查看到导出的视频文件了,如图 2-23 所示。

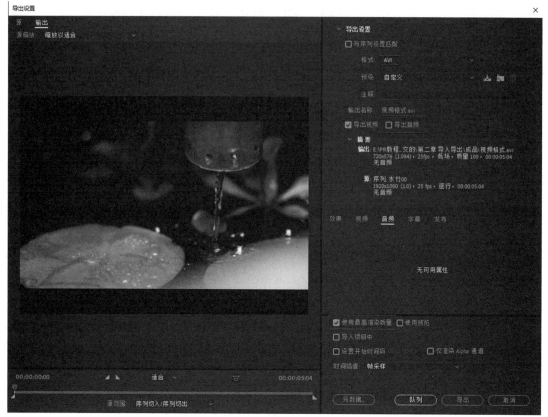

图 2-21　导出设置调整

图 2-22　"编码"进度框

图 2-23　查看导出的视频文件

2.导出音频格式文件

步骤 1 在 Premiere 中也可以导出仅有音频的音频格式文件,因此我们可以利用 Premiere 来做作品的音/视频分离。在之前建立的"导入与导出"项目中,我们已经导入了一个 mp3 音频素材,我们将"MP3.mp3"拖曳到时间轴 A1 轨道上,如图 2-24 所示。我们将该序列文件导出成音频文件。

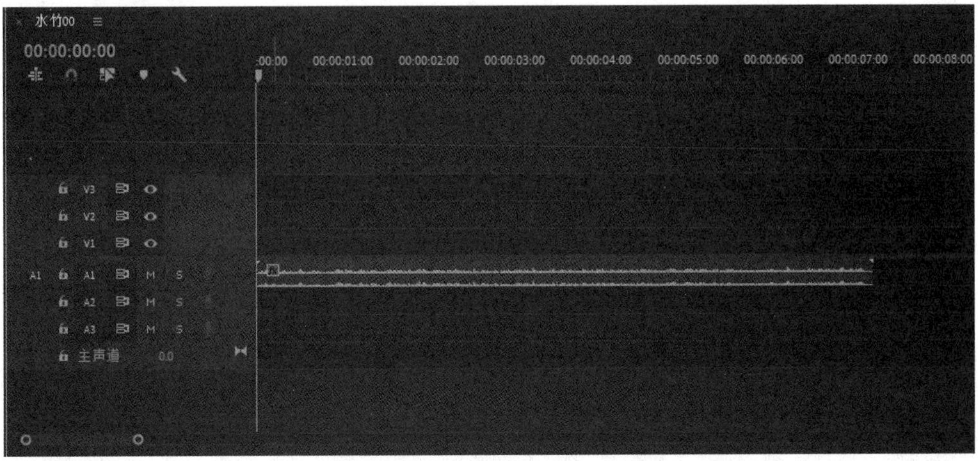

图 2-24　添加音频文件到 A1 轨道

步骤 2 导出前,我们可以按空格键,监听一下音频的效果。确认无误后,我们按Ctrl＋M 快捷键,快速打开"导出设置"对话框。

步骤 3 打开"格式"下拉列表,其中有几种常用的音频导出格式:

● AAC 音频:基于 MPEG-2 的音频编码技术,将音频输出为 AAC 格式的音频,音质质量较高。

● MP3:将音频输出为 MP3 格式音频,这种格式适应大部分音频播放软件,是较为常用的音频导出格式。

● AIFF:将影片的声音部分输出为 AIFF 格式音频,适合于各种剪辑平台进行音频数据交换。

● 波形音频:只输出影片的声音,输出为 WAV 格式音频,适合于各平台进行音频数据交换。

步骤 4 这里,我们设置"格式"为"波形音频","预设"会进行相应调整,单击"输出名称"右侧的文字,弹出"另存为"对话框,在该对话框中设置作品名称为"音频格式",并设置导出路径,单击"保存"按钮。

步骤 5 因为该文件选择输出音频格式,可以看到"导出视频"已变为不可操作的灰色,仅可导出音频。单击"导出"按钮,如图 2-25 所示。

步骤 6 等编码完毕就可以在保存路径中查看到导出的音频文件了,如图 2-26 所示。

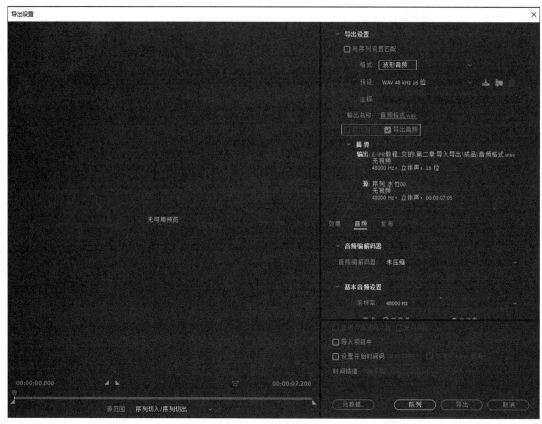

图 2-25　导出音频文件

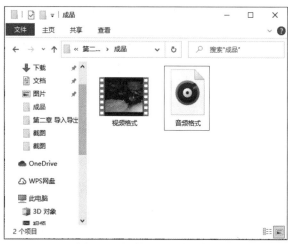

图 2-26　查看导出的音频文件

3.导出单帧图像

在 Premiere 中,我们可以选择作品中的一帧,将其输出为一个静态图片。输出单帧图像的操作步骤如下:

步骤 1　在之前建立的"导入与导出"项目中,我们将之前导入的"水车.mov"素材拖曳到时间轴 V1 轨道上,将时间指针移动到 00:00:00:09 位置,如图 2-27 所示。

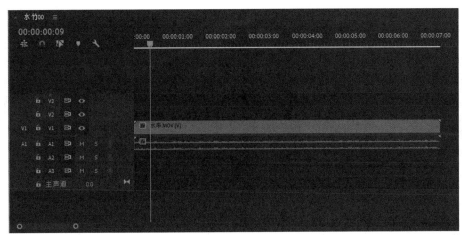

图 2-27 时间指针移动到第 9 帧位置

步骤 2 在菜单栏中执行"文件"|"导出"|"媒体"命令,弹出"导出设置"对话框,将"格式"设置为"JPEG",此时即可导出一个.jpg 格式的图片,所以可以看到"导出音频"选项变为不可操作的灰色,仅仅导出画面。单击"输出名称"右侧的文字,弹出"另存为"对话框,在该对话框中设置要保存的单帧图像名称和导出路径,如图 2-28 所示。

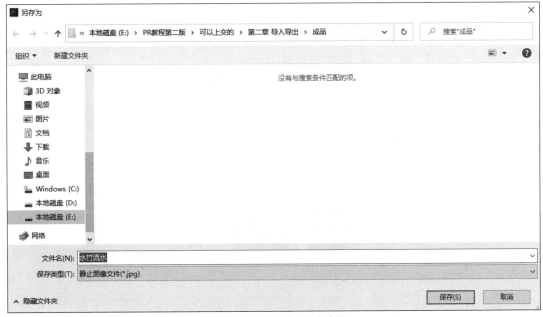

图 2-28 设置文件名称和导出路径(1)

步骤 3 设置完成后单击"保存"按钮,返回到"导出设置"对话框中,在"视频"选项卡下,取消勾选"导出为序列"复选框,如图 2-29 所示,设置完成后,单击"导出"按钮。

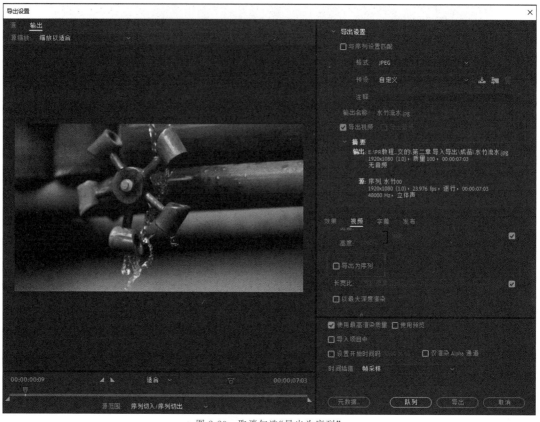

图 2-29 取消勾选"导出为序列"

步骤 4 单帧图像输出完成后，可以在保存路径中进行查看，如图 2-30 所示。

图 2-30 查看导出的单帧图像文件（1）

步骤 5 还有一种方法也可以导出单帧图像。将时间指针向后移动到 00：00：00：17 位置,在"节目监视器"面板,单击"导出帧"按钮 📷,打开"导出帧"对话框。

步骤 6 在"导出帧"对话框中,设置"名称"为"水竹流水 1","格式"选择 JPEG,单击"浏览"按钮设置图片保存路径,如图 2-31 所示。

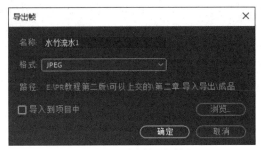

图 2-31 "导出帧"对话框

步骤 7 单击"确定"按钮,即可将单帧图像输出完成。打开保存路径,即可看到我们输出的单帧图像,如图 2-32 所示。

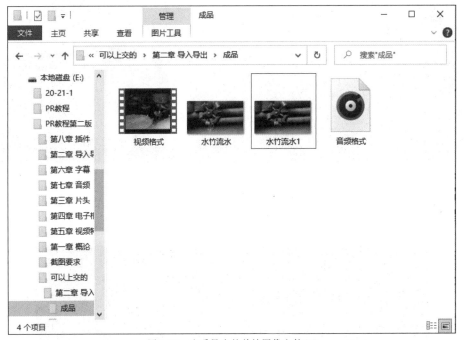

图 2-32 查看导出的单帧图像文件(2)

4.导出序列文件

Premiere 可以将编辑完成的文件输出为一组带有序列号的序列图片文件。输出序列文件的操作方法如下:

步骤 1 在之前建立的"导入与导出"项目中,我们将之前导入的"花.jpg"素材拖曳到时间轴 V1 轨道上,选中该素材,打开"效果控件"面板。在时间指针的起始位置,单击"缩放"选项前的"切换动画"按钮 ⏱,添加一个起始位置的关键帧,数值为"360.0",如图 2-33 所示。

图 2-33　添加"缩放"关键帧

步骤 2　将时间指针向后移动到 1 秒(00:00:01:00)位置,将"缩放"数值调整为"100.0",自动添加一个关键帧,如图 2-34 所示。

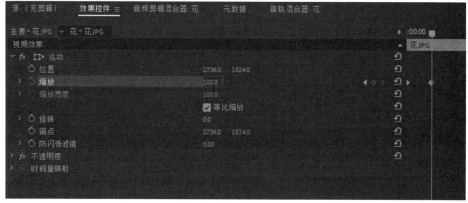

图 2-34　调整"缩放"数值

步骤 3　用"剃刀工具" ❖ 从 1 秒位置切开,如图 2-35 所示。将 1 秒后面的素材选中,按 Delete 键删除,如图 2-36 所示。

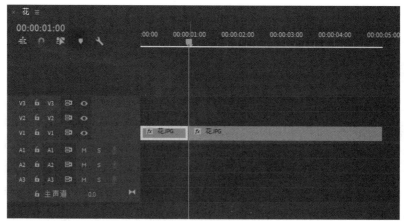

图 2-35　切开素材

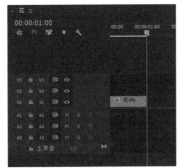

图 2-36　删除多余素材

步骤 4　选中需要输出的 V1 轨道素材,在菜单栏中执行"文件"|"导出"|"媒体"命令,弹出"导出设置"对话框,将"格式"设置为"JPEG",也可以设置为 PNG、TIFF 等类型,单击"输出名称"右侧的文字,弹出"另存为"对话框,在该对话框中单击"新建文件夹"按钮,新建一个文件夹,如图 2-37 所示。

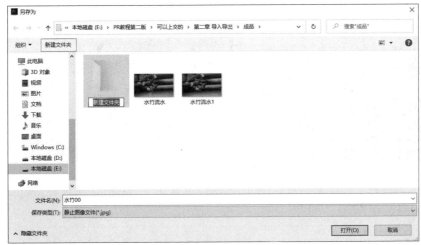

图 2-37　新建文件夹

步骤 5　将新建文件夹重命名为"序列文件",双击打开"序列文件"文件夹,将文件名设置为"花 001",然后单击"保存"按钮,如图 2-38 所示。

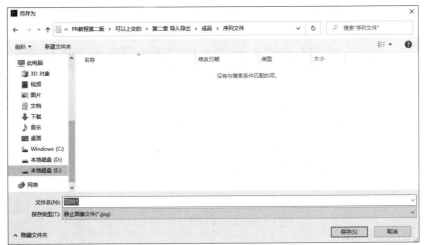

图 2-38　设置文件名称

步骤 6　返回到"导出设置"对话框中，在"视频"选项卡下，确认已勾选"导出为序列"复选框，单击"导出"按钮，如图 2-39 所示。

图 2-39　勾选"导出为序列"

步骤 7　当序列文件输出完成后，在保存路径中打开"序列文件"文件夹，即可看到输出的序列文件，如图 2-40 所示。

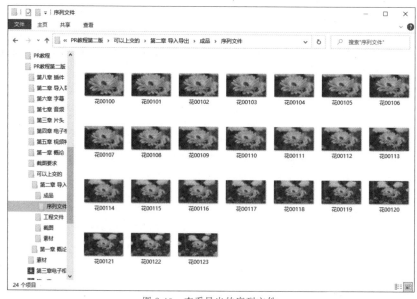

图 2-40　查看导出的序列文件

5.导出 GIF 动态文件

Premiere 可以将编辑完成的文件输出为一个动态的图像 GIF 文件，这种格式文件较小，

060

适合用于网页播放、移动设备播放或幻灯片插入等多种场合。输出 GIF 动态文件的操作方法
如下：

步骤 1 我们将刚刚做好的花的 1 秒缩放序列，制作成 GIF 动态文件。按 Ctrl＋M 快捷
键打开"导出设置"对话框，将"格式"设置为"动画 GIF"，单击"输出名称"右侧的文字，弹出"另
存为"对话框，设置文件名称和保存路径，如图 2-41 所示。

图 2-41　设置文件名称和导出路径(2)

这里需要注意的是，在"格式"下拉列表中还有一个"GIF"设置，这个选项导出的是后缀名
为 gif 的静态序列文件，不是动画的形态，所以在这里不要选错选项。

步骤 2 返回到"导出设置"对话框中，单击"导出"按钮，如图 2-42 所示。

图 2-42　导出 GIF 文件

步骤 3　待编码完成后，在保存路径中即可看到输出的 GIF 动态文件，如图 2-43 所示。

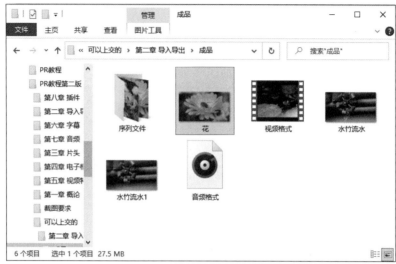

图 2-43　查看导出的 GIF 文件

2.3　功能工具

2.3.1　素材格式简介

当外部素材归类整理好之后，在运用 Premiere 进行编辑前，首先要对素材的格式类型进行了解，再导入整理好的素材会更快速便捷。下面先讲解 Premiere 支持的各种文件格式：

1.GIF 格式

GIF 是英文 Graphics Interchange Format(图形交换格式)的缩写，这种格式是用来交换图片的。其特点是压缩比高，磁盘空间占用较少，所以这种图像格式迅速得到了广泛的应用。但是 GIF 有个小缺点，即不能存储超过 256 色的图像。尽管如此，这种格式仍然在网络上很流行，这和 GIF 图像文件短小、下载速度快、可用许多具有同样大小的图像文件组成动画等优势是分不开的。

2.AVI 格式

AVI 英文全称为 Audio Video Interleaved，即音频视频交错格式，AVI 文件将音频(语音)和视频(影像)数据包含在一个文件容器中，允许音/视频同步回放。类似 DVD 视频格式，AVI 文件支持多个音/视频流。AVI 信息主要应用在多媒体光盘上，用来保存电视、电影等各种影像信息。

3.JPEG 格式

JPEG 是常用的一种图像格式，其压缩技术十分先进，它用有损压缩方式去除冗余的图像和色彩数据，在获得极高压缩率的同时，能展现十分丰富生动的图像。换句话说，就是可以用最少的磁盘空间得到较好的图像质量。

4.MXF 格式

MXF 是英文 Material eXchange Format(素材交换格式)的缩写。MXF 是 SMPTE(美国

电影与电视工程师学会)组织定义的一种专业音/视频媒体文件格式。MXF 主要应用于影视行业媒体制作、编辑、发行和存储等环节。

5.MOV 格式

MOV 即 QuickTime 影片格式,它是 Apple 公司开发的一种音频、视频文件格式,用于存储常用数字媒体类型。当选择 QuickTime(* .mov)作为保存类型时,动画将保存为.mov 文件。QuickTime 用于保存音频和视频信息,可在包括 Apple Mac OS,Microsoft Windows XP/VISTA,Windows 7/10 在内的所有主流电脑平台获得支持。

6.MPEG 格式

MPEG 标准主要有以下五个,MPEG-1,MPEG-2,MPEG-4,MPEG-7 及 MPEG-21 等。这种格式成功地将声音和影像的记录脱离了传统的模拟方式,建立了 ISO/IEC11172 压缩编码标准,并制定出 MPEG-格式,使视听传播进入了数码化时代。

7.PNG 格式

PNG 的名称来源于"可移植网络图形格式(Portable Network Graphic Format,PNG)",也有一个非官方解释,即"PNG′s Not GIF",是一种位图文件(bitmap file)存储格式。其设计目的是试图替代 GIF 和 TIFF 文件格式,同时增加一些 GIF 文件格式所不具备的特性。

8.MP3 格式

MP3 是利用 MPEG Audio Layer 3 的一种音频压缩技术,大幅度地降低了音频数据量,但重放的音质与最初的不压缩音频相比没有明显的下降,是目前较为流行的音频格式。

当我们遇到不支持的素材格式时,有两种解决方法,第一种是检查计算机是否安装有 QuickTime Player 软件,第二种是使用转换格式软件进行素材格式的转换,将其转换成软件支持的格式即可。

2.3.2　导出设置简介

编辑制作完成一个作品后,最后的环节就是导出文件。就像支持多种格式文件的导入一样,Premiere 可以将"时间轴"面板中的内容以多种格式文件的形式渲染输出,以满足多方面的需要。但在导出文件之前,需要先对输出选项进行设置:

1.导出类型简介

在 Premiere 中可以将影片导出为不同的类型。在菜单栏中执行"文件"|"导出"命令,在弹出的子菜单中包含了 Premiere 软件中支持的导出类型,如图 2-44 所示。

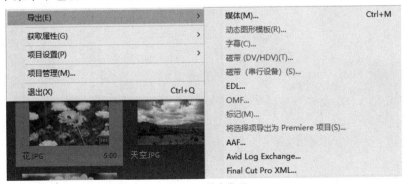

项目的保存和
文件的导出

图 2-44　导出类型

主要输出类型功能说明如下:

(1)媒体:选择该命令后,可以打开"导出设置"对话框,在该对话框中可以进行各种格式的

媒体输出。

（2）动态图形模板：该命令可以将 Premiere 中创建的字幕和图形导出为动态图形模板以供将来重复使用。

（3）字幕：单独输出在 Premiere 软件中创建的字幕文件。

（4）磁带（DV/HDV）：该命令可将序列导出至磁带。

（5）磁带（串行设备）：通过专业录像设备将编辑完成的作品直接输出到磁带上。

（6）EDL（编辑决策列表）：输出一个描述剪辑过程的数据文件，可以导入其他的编辑软件进行编辑。

（7）OMF（公开媒体框架）：将整个序列中所有激活的音频轨道输出为 OMF 格式，可以导入 DigiDesign Pro Tools 等软件中继续编辑润色。

（8）AAF（高级制作格式）：AAF 格式可以支持多平台、多系统的编辑软件，可以导入其他的编辑软件中继续编辑，如 Avid Media Composer。

（9）Avid Log Exchange：将剪辑数据转移到 Avid Media Compose 剪辑软件上进行编辑的交互文件。

（10）Final Cut Pro XML：将剪辑数据转移到苹果平台的 Final Cut Pro 剪辑软件上继续进行编辑。

2.导出设置对话框简介

在菜单栏中执行"文件"|"导出"|"媒体"命令，即可打开"导出设置"对话框，如图 2-45 所示。

图 2-45 "导出设置"对话框

（1）"源范围"设置

打开对话框左下角的"源范围"下拉列表,如图 2-46 所示。选择"整个序列"选项,会导出序列中的所有作品;选择"序列切入/序列切出"选项,会导出切入点与切出点之间的作品;选择"工作区域"选项,会导出工作区域内的作品;选择"自定义"选项,用户可以根据需要,自定义设置需要导出作品的区域。

图 2-46 "源范围"下拉列表

（2）基本选项设置

"与序列设置匹配":勾选该复选框,则要用与合成序列相同的视频属性进行导出。单击"格式"右侧的下拉按钮,可以在弹出的下拉列表中选择导出使用的媒体格式,前面已经有所介绍,在此不再赘述。如果勾选"导出视频"复选框,则合成作品时导出影像文件,如果取消勾选该复选框,则不能导出影像文件。如果勾选"导出音频"复选框,则合成作品时导出声音文件,如果取消勾选该复选框,则不能导出声音文件。

①预设:在该下拉列表中选择与所选导出文件格式对应的预设制式类型。

②注释:用以输入附加到导出文件中的文件信息注释,不会影响导出文件的内容。

③输出名称:单击该选项后面的文字按钮,在弹出的"另存为"对话框中为将要导出生成的文件指定保存目录和输入需要的文件名称。

④摘要:显示目前所设置的选项信息,以及将要导出生成的文件格式、内容属性等信息。

⑤时间插值:如果项目中素材做了变速效果,可将"时间插值"调整成"帧混合",增强动画的流畅性,设置如图 2-47 所示。

（3）"效果"选项卡

"效果"选项卡是在选择导出格式为图像、视频类文件时才有的选项,里面给出了多种视频效果的快速调整选项,如校色、图像叠加等,勾选上想添加的视频效果,然后进行调整即可应用,如图 2-48 所示。

图 2-47 "时间插值"下拉列表

图 2-48 "效果"选项卡

（4）"视频"选项卡

选择"视频"选项卡,进入"视频"选项卡设置面板,在"视频编解码器"选项组中,单击"视频编解码器"右侧的下拉按钮,在弹出的下拉列表中选择用于作品压缩的编码解码器,选用的导出格式不同,对应的编码解码器也不同。在"基本视频设置"选项组中,如图 2-49 所示,可以设置"质量"、"帧速率"和"场序"等选项。"质量":用于设置输出节目的质量,"宽度"和"高度":用于设置输出影片的视频大小;"帧速率":用于指定输出影片的帧速率;"场序":在该下拉列表中提供了逐行、上场优先和下场优先等选项;"长宽比":在该下拉列表中可以设置输出影片的像素宽高比;"以最大深度渲染"复选框:未勾选该复选框时,以 8 位深度进行渲染,勾选该复选框

后,以 24 位深度进行渲染。

在"高级设置"选项组中,可以对"关键帧"和"优化静止图像"复选框进行设置,如图 2-50 所示。"关键帧"复选框:勾选该复选框后,会显示出"关键帧间隔"选项,关键帧间隔用于压缩格式,以输入的帧数创建关键帧;"优化静止图像"复选框:勾选该复选框后,会优化长度超过一帧的静止图像。

图 2-49 "视频编解码器"下拉列表

图 2-50 "高级设置"选项组

(5)"音频"选项卡

选择"音频"选项卡,在该选项卡中可以设置输出音频的"采样率"、"声道"和"样本大小"等选项,如图 2-51 所示。

图 2-51 "音频"选项卡

①采样率:在该下拉列表中选择输出节目时所使用的采样速率。采样速率越高,播放质量越好,但需要较大的磁盘空间,并占用较多的处理时间。

②声道:选择采用单声道或者立体声。

③样本大小:在该下拉列表中选择输出节目时所使用的声音量化位数。要获得较好的音频质量就要使用较高的量化位数。

④音频交错:指定音频数据如何插入视频帧中间。增加该值会使程序存储更长的声音片段,同时需要更大的内存容量。

2.4　课外拓展

将配套资源包中提供的各种格式的素材导入 Premiere 中,挑选合适的素材导出成 GIF 动画、BMP 图像、MPG 视频和 TIFF 序列文件,具体操作见配套资源包。

项目3 影视片头制作
——敢为人先，做勇敢的实践者

教学案例

- 影视片头 1：四画同映。
- 影视片头 2：三画同框。

教学内容

- 效果控件的操作；关键帧的设置；嵌套序列的建立和应用。

教学目标

- 熟练操作效果控件中运动的"位置"、"缩放"和"旋转"等效果。
- 学会使用关键帧。
- 学会应用嵌套序列来完成项目。

静态画面
做运动

职业素养

- 万事开头难，在工作中，很多时候要有"敢为人先"的勇气担当，大胆想、大胆闯、大胆实践。

项目分析

- 充满魅力的数字生活从片头开始，一个有创意的片头象征着这部影片已经成功了一半，起着画龙点睛的作用。本项目关注基础应用，以静态图片来制作两个影视作品动态片头，利用软件的效果控件和关键帧来对图片进行展示，同时为图片设置动态效果使片头显得生动活泼。在学习这两个案例的过程中，"效果控件"面板的具体操作、序列以及虚拟序列的使用，会帮助我们创造出充满创意的效果。

3.1 案例简介

本项目会利用一些简单的静态图片来制作两个动态影视作品片头。利用软件的效果控件和关键帧来对图片进行展示,同时为图片设置动态效果使片头显得生动活泼。在学习这两个案例的过程中,认识"效果控件"面板的具体操作,了解序列以及虚拟序列的概念和使用方法,同时学习关键帧的设置。

影视片头1,用四张风景的图片,让它们依次进入画面中心叠放,再用旋转的形式翻滚到画面的四个角落上。

影视片头2,运用虚拟序列的方法,将三组风光图片分别放在画面中的四个不同位置上,并在这四个位置上进行轮番切换展示。

3.2 课上演练

3.2.1 制作影视片头1

制作步骤如下:

步骤1 启动 Premiere Pro CC 2019,并新建一个项目,命名为"影视片头1",如图 3-1所示。

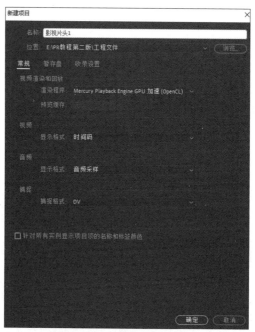

图 3-1 新建"影视片头1"项目

步骤2 在"项目"面板空白处单击鼠标右键,在弹出的快捷菜单中选择"新建项目"|"序列",选择"DV-PAL"里面的"标准 48 kHz",序列名称为"影视片头1",单击"确定"按钮,如

图 3-2 所示。也可以从菜单栏中单击"文件"|"新建"|"序列"命令,来建立该序列。

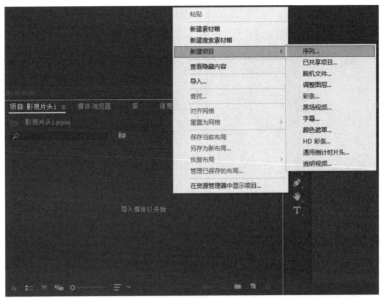

图 3-2 执行"新建项目"|"序列"命令

步骤 3 在"项目"面板中双击,导入片头制作所需的图片素材"风景 1.jpg"～"风景 4.jpg"四张图片,如图 3-3 所示。

图 3-3 导入四张图片素材

步骤 4 用鼠标左键点住"风景 1.jpg"图片素材,将其拖曳到时间轴 V1 轨道上,如图 3-4 所示。

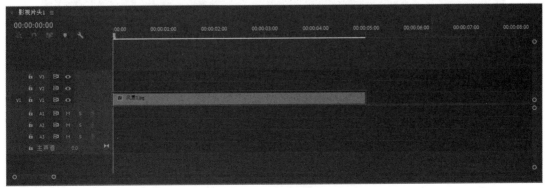

图 3-4 添加"风景 1"图片到 V1 轨道

步骤5　在"效果控件"面板中,选择"运动"|"缩放",可以调整画面的大小,这里我们将数值调整成"50.0",如图 3-5 所示。也可以双击"节目监视器"面板中的画面,会出现白色边框,左键按住白色边框拉动也可调整画面大小。

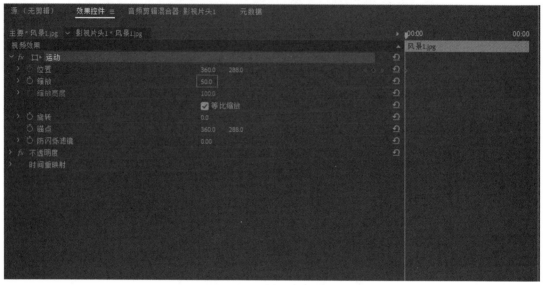

(a)

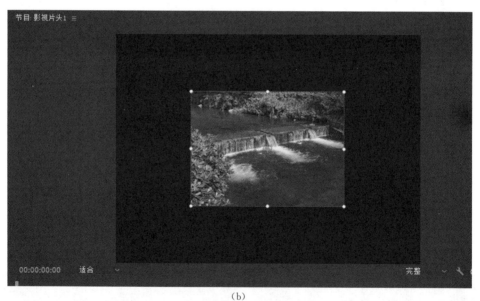

(b)

图 3-5　调整"缩放"数值

步骤6　在"效果控件"面板中,选中"位置"项目前的"切换动画"按钮。在右侧的操作栏中,在第 1 帧单击"添加关键帧"按钮，添加一个关键帧,双击"节目监视器"面板中的画面,将其完全拉至画框外,或调节"效果控件"面板中"位置"的数值为"－200.0,288.0",如图 3-6 所示。在视频第 10 帧(00:00:00:10)添加关键帧,并将画框拉回至画面中心处,或调节"效果控件"面板中"位置"的数值为"360.0,288.0",如图 3-7 所示。

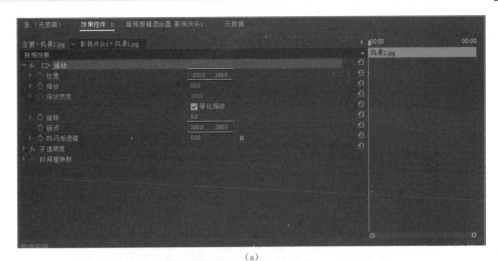

（a）

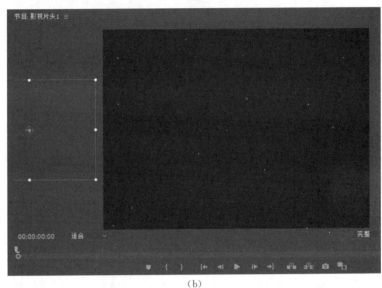

（b）

图 3-6　添加"位置"关键帧并调整数值

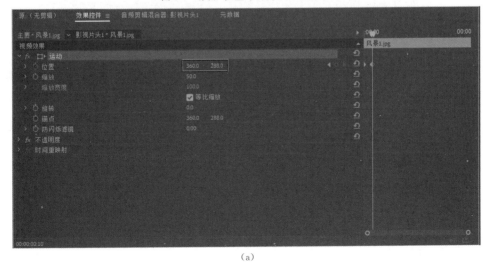

（a）

图 3-7　在第 10 帧调整"位置"数值

1

1

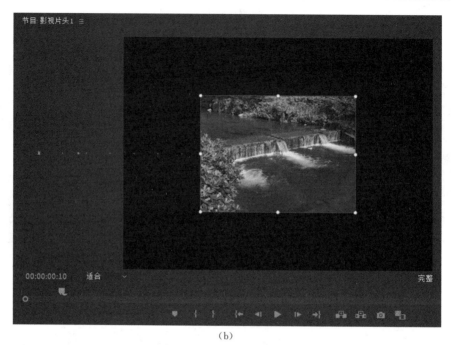

（b）

续图 3-7　在第 10 帧调整"位置"数值

步骤 7　向后移动时间指针到第 15 帧（00:00:00:15）的位置，单击"风景 2.jpg"图片，并将其拖曳到时间轴 V2 轨道上。选中"风景 2.jpg"素材，重复上述步骤 5、6，如图 3-8 所示。

注意：V2 轨道素材的关键帧位置分别是时间线的第 15 帧和第 1 秒（00:00:01:00）。

步骤 8　向后移动时间指针到 00:00:01:05 的位置，单击"风景 3.jpg"图片，并将其拖曳到时间轴 V3 轨道上。选中"风景 3.jpg"素材，重复上述步骤 5、6，如图 3-9 所示。

注意：V3 轨道素材的关键帧位置分别是时间线的 00:00:01:05 位置和 00:00:01:15 位置。

步骤 9　向后移动时间指针到 00:00:01:20 的位置，单击"风景 4.jpg"图片，并将其拖曳到时间轴 V4 轨道上（直接拖曳到 V3 轨道上面，自动添加 V4 轨道）。选中"风景 4.jpg"素材，重复上述步骤 5、6，如图 3-10 所示。

注意：V4 轨道素材的关键帧位置分别是时间线的 00:00:01:20 位置和 00:00:02:05 位置。

步骤 10　制作固定帧。选中"效果控件"面板中"旋转"项目前的"切换动画"按钮 ，在时间线 00:00:02:15 的位置上，分别选中 V1、V2、V3、V4 轨道素材，为它们添加关键帧，"旋转"项目中的数值保持"0.0"不变。同时，在"位置"项目中，分别为 4 个轨道素材添加关键帧，保持 4 个素材在画框中的位置不变，都为"360.0,288.0"。如图 3-11～图 3-14 所示。

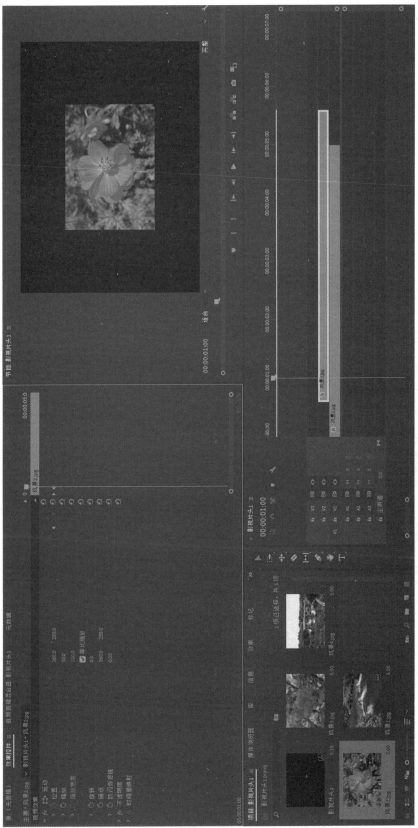

图3-8 调整"风景2"素材的"位置""缩放"值

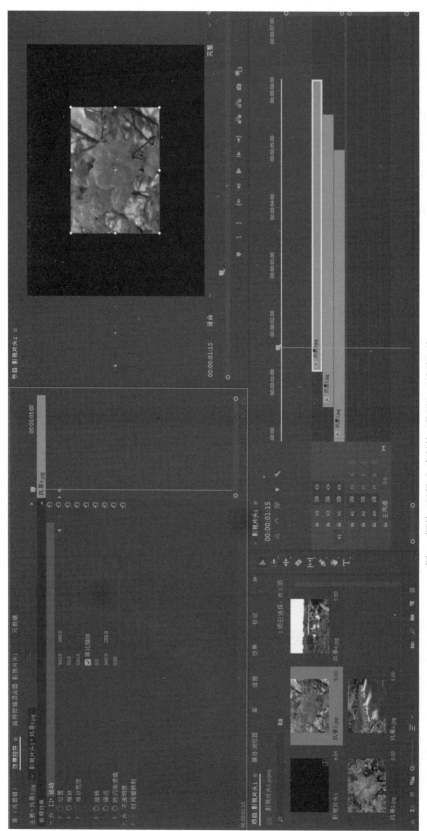

图3-9 调整"风景3"素材的"位置""缩放"值

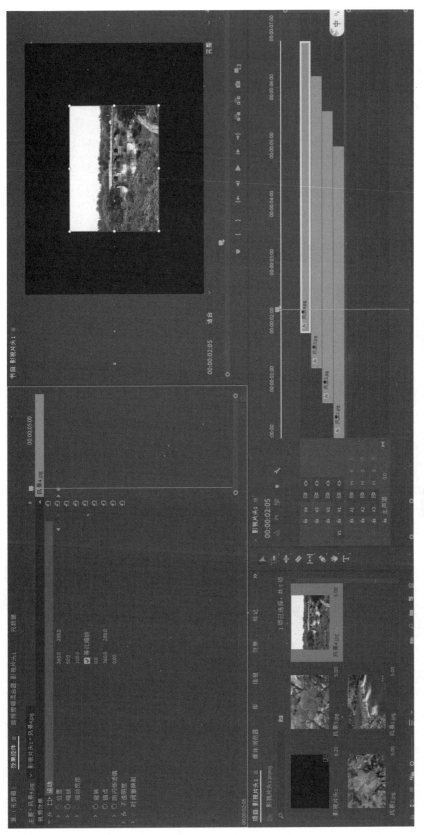

图3-10 调整"风景4"素材的"位置""缩放"值

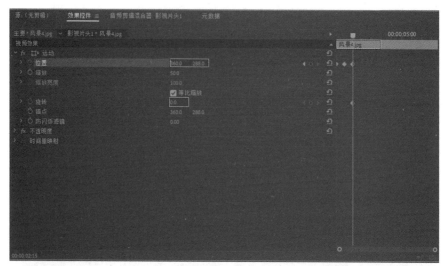

图 3-11　为"风景 4"添加"位置""旋转"关键帧

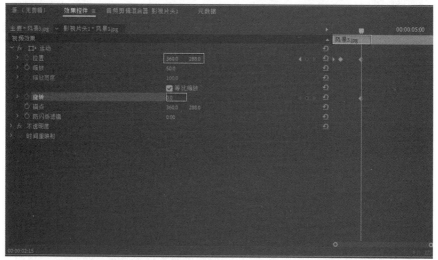

图 3-12　为"风景 3"添加"位置""旋转"关键帧

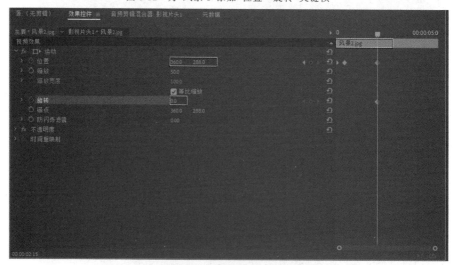

图 3-13　为"风景 2"添加"位置""旋转"关键帧

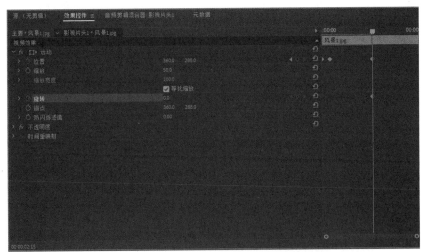

图 3-14　为"风景 1"添加"位置""旋转"关键帧

步骤 11　在时间线 00:00:03:15 的位置上,选中"风景 1.jpg"素材,为它添加"位置"关键帧,数值调整为"180.0,144.0",同时为它添加"旋转"关键帧,数值调整为"360.0°",如图 3-15 所示。

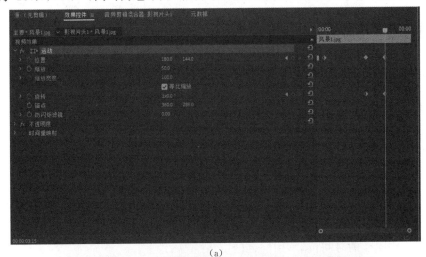

(a)

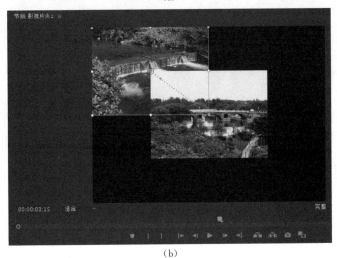

(b)

图 3-15　在 3 秒 15 帧调整"风景 1"的"位置""旋转"数值

步骤 12　在同样的时间位置,用同样的方法为"风景 2.jpg"添加"位置"关键帧,数值调整为"540.0,144.0",添加"旋转"关键帧,数值调整为"360°",如图 3-16 所示。

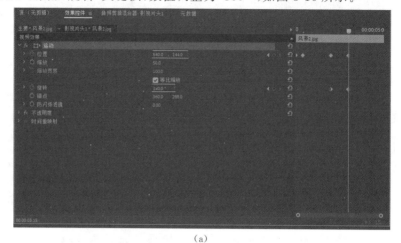

(a)

(b)

图 3-16　在 3 秒 15 帧调整"风景 2"的"位置""旋转"数值

步骤 13　在同样的时间位置,用同样的方法为"风景 3.jpg"添加"位置"关键帧,数值调整为"180.0,432.0",添加"旋转"关键帧,数值调整为"360°",如图 3-17 所示。

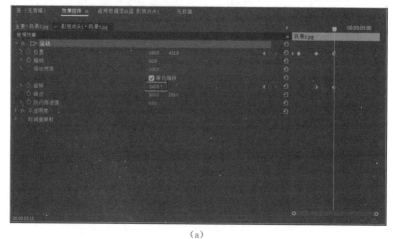

(a)

图 3-17　在 3 秒 15 帧调整"风景 3"的"位置""旋转"数值

(b)

续图 3-17 在 3 秒 15 帧调整"风景 3"的"位置""旋转"数值

步骤 14 在同样的时间位置,用同样的方法为"风景 4.jpg"添加"位置"关键帧,数值调整为"540.0,432.0",添加"旋转"关键帧,数值调整为"360°",如图 3-18 所示。

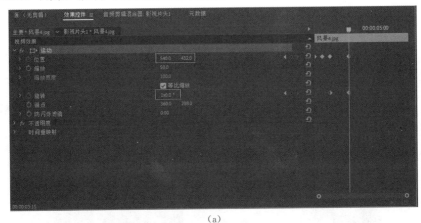

(a)

(b)

图 3-18 在 3 秒 15 帧调整"风景 4"的"位置""旋转"数值

步骤 15 上述过程做好后,即可看到四张图片分别从四个角进入画面中心,再以翻转的

形式出现在画面四角。在 00:00:04:00 的位置上,用"剃刀工具"把四个轨道的素材切开,如图 3-19 所示。切下来的剩余素材按 Delete 键删除。

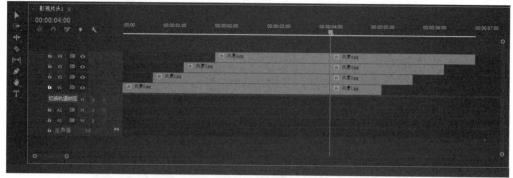

图 3-19　切开并删除多余素材

步骤 16　导出工程文件。在软件上方的菜单栏中,执行"文件"|"导出"|"媒体"命令,弹出"导出设置"对话框,在对话框左侧可以滑动时间指针来观看最终效果。"格式"选择"AVI",单击"输出名称"后面的名字,在弹出的"另存为"对话框中,修改视频保存路径,将输出名称改为"影视片头 1",单击"确定"按钮。单击"导出"按钮,如图 3-20 所示,就可以将"影视片头 1"导出为可播放的格式了。

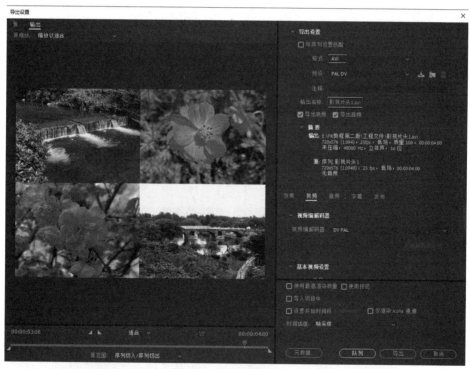

图 3-20　导出"影视片头 1"

3.2.2　制作影视片头 2

具体制作步骤如下:

步骤 1　启动 Premiere Pro CC 2019,并新建一个项目,命名为"影视片头 2"。新建一个序列,序列名称为"影视片头 2",在序列列表中,选择"DV-PAL"下列的"标准 48 kHz",单击"确定"按钮。

步骤 2 在菜单栏中执行"编辑"|"首选项"|"时间轴"命令,如图 3-21 所示。在弹出的"首选项"对话框中,修改"静止图像默认持续时间"为"10 帧",单击"确定"按钮,如图 3-22 所示。

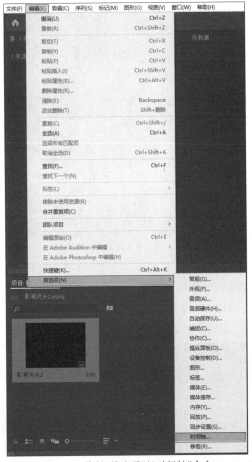

制作
影视片头2

图 3-21 执行"首选项"|"时间轴"命令

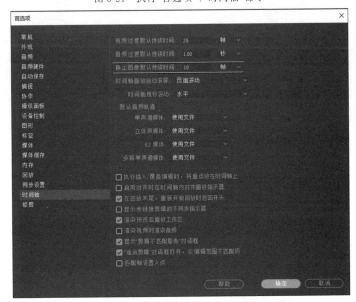

图 3-22 更改"静止图像默认持续时间"为"10 帧"

步骤 3 在"项目"面板中,导入片头制作所需的图片素材"花朵 1.jpg"～"花朵 6.jpg"六张图片,如图 3-23 所示。这时导入的图片长度均为刚刚设置的 10 帧。

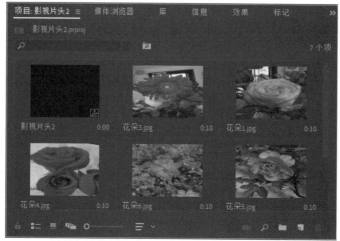

图 3-23 导入所需图片素材

步骤 4 将"花朵 1.jpg"～"花朵 6.jpg"拖曳到时间轴 V1 轨道上,选中 V1 轨道上的所有素材,单击鼠标右键,在弹出的快捷菜单中选择"嵌套"命令,将"花朵 1.jpg"～"花朵 6.jpg"图片组合起来,可以进行批量操作,如图 3-24 所示。在弹出的"嵌套序列名称"对话框中,将该嵌套序列命名为"花朵",如图 3-25 所示,单击"确定"按钮。

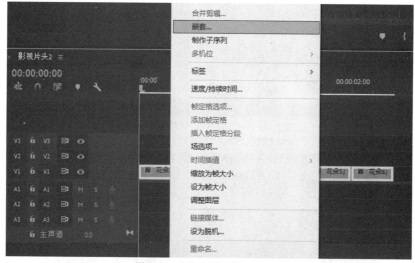

图 3-24 为花朵图片素材做嵌套

图 3-25 命名嵌套序列为"花朵"

步骤 5 此时,时间轴上会出现"花朵"序列,如图 3-26 所示。选中"花朵"序列,在"效果控件"面板将"位置"数值改为"535.0,287.0",取消"等比缩放",将"缩放高度"改为"89.0","缩放宽度"改为"44.0",如图 3-27 所示。此时,"花朵"素材处于画面的右方。

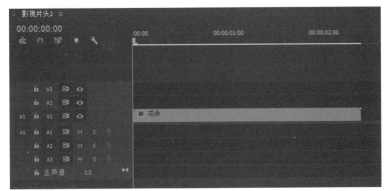

图 3-26　时间轴中的花朵序列

图 3-27　调整"位置"和"缩放"数值

步骤 6　用步骤 2 的方法，将"静止图像默认持续时间"调整为"20 帧"，如图 3-28 所示。导入素材"动物 1.jpg"～"动物 6.jpg"，分别拖曳到时间轴 V2 轨道上。参考步骤 4，选中"动物 1.jpg"～"动物 6.jpg"素材进行嵌套，将嵌套序列命名为"动物"。此时，时间轴上会出现"动物"序列，如图 3-29 所示。

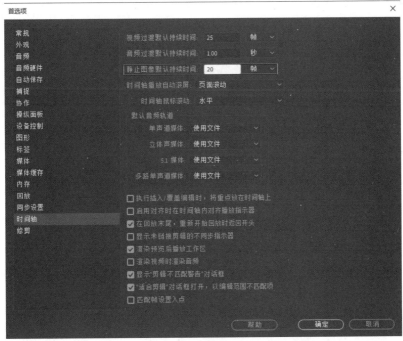

图 3-28　更改"静止图像默认持续时间"为"20 帧"

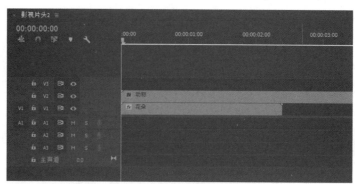

图 3-29　设置"动物"嵌套序列

步骤 7　选中"动物"序列,在"效果控件"面板,将"位置"数值改为"188.0,170.0",将"缩放"改为"48.0",如图 3-30 所示。此时,"动物"素材处于画面左上方。

图 3-30　为"动物"序列更改"位置""缩放"数值

步骤 8　用步骤 2 的方法,将"静止图像默认持续时间"调整为"15 帧",如图 3-31 所示。导入素材"风光 1.jpg"~"风光 6.jpg",分别拖曳到时间轴 V3 轨道上。选中"风光 1.jpg"~"风光 6.jpg"素材进行嵌套,为嵌套序列命名为"风光"。此时,时间轴上会出现"风光"序列,如图 3-32 所示。

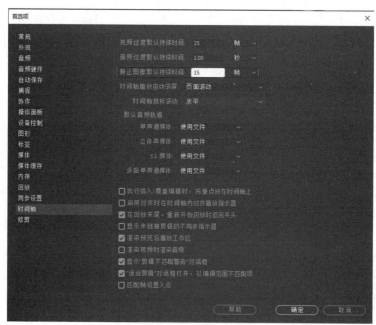

图 3-31　更改"静止图像默认持续时间"为"15 帧"

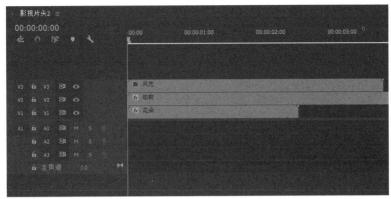

图 3-32　设置"风光"嵌套序列

步骤 9　选中"风光"序列，在"效果控件"面板，将"位置"数值改为"221.0,430.0"，将"缩放"改为"39.0"，如图 3-33 所示。

图 3-33　为"风光"序列更改"位置""缩放"数值

步骤 10　此时，"风光"素材处于画面左下方，形成了三画同映的画面，如图 3-34 所示，并且每幅画面在屏幕上的停留时间均是不同的，信息量大，具有较强的可视性。

图 3-34　三画同映效果

步骤 11　选中时间轴的"花朵"序列，复制一份。让"花朵"素材在 V1 轨道播放两遍，和 V2 轨道时长相等。选中"风光"序列，复制一份，在 00:00:04:20 位置用"剃刀工具"将三个素材剪裁整齐，如图 3-35 所示。多余的素材按 Delete 键删除。

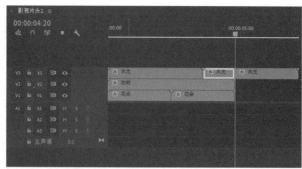

图 3-35　复制序列

步骤 12　执行菜单栏"文件"|"保存"命令,将本工程文件保存。在菜单栏中执行"文件"|"导出"|"媒体"命令,在弹出的"导出设置"对话框中,"格式"选择"AVI",修改输出名称为"影视片头 2",单击"确定"按钮,如图 3-36 所示。就可以将"影视片头 2"播放导出为可播放的格式了。

图 3-36　导出"影视片头 2"

3.3　功能工具

3.3.1　"时间轴"面板

"时间轴"面板是编辑各种素材的中心面板,是按照时间排列片段和制作视频作品的编辑窗口,如图 3-37 所示。该面板中包括视频作品的工作区域、视频轨道、音频轨道、转换轨道和各种工具等。

图 3-37　"时间轴"面板

默认情况下的视频和音频轨道各有三条,如果需要添加或删除轨道,只要在轨道名称空白处单击鼠标右键,在弹出的快捷菜单中选择"添加轨道"或"删除轨道"命令即可。添加轨道时,会配套添加一条视频轨道和音频轨道。

在编辑作品的过程中,有时需要编辑较长的素材,在对这些素材进行编辑时,需要来回拖曳滚动条,如此反复的操作会非常麻烦;而有时需要编辑的素材时间长度又非常短,很难对其细节进行操作。这时,就需要修改"时间线"面板中的时间单位。在 Premiere Pro CC 2019 中,直接拖曳时间线标尺栏上方控制条两端的按钮,即可达到改变时间单位的目的。如图 3-38 所示。如果标尺缩短,则时间单位间隔小,最小间隔为 1 帧;如果标尺变长,则时间单位间隔大,最大间隔为 5 秒。

图 3-38　时间线标尺栏

面板左上角的主要按钮,含义如下:

1.嵌套序列

该按钮在灰色未选中状态时,拖曳已嵌套的序列到轨道,序列中的素材仍是未嵌套的状态,如图 3-39 所示,V1 轨道中拖曳的已嵌套"动物"序列呈现出未嵌套的状态,可以对素材进行单独编辑。单击该按钮,呈现蓝色选中状态时,拖曳已嵌套的序列,呈现出素材组合,如图 3-40 所示,V2 轨道中拖曳的已嵌套"动物"序列呈现出嵌套的状态。

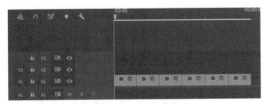
图 3-39　序列未嵌套状态

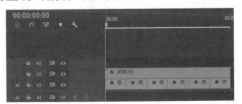
图 3-40　序列已嵌套状态

2.时间轴对齐

该按钮在蓝色选中状态时,在时间轴拖曳素材时会有一条灰色的对齐标线,素材之间很容易对齐;单击按钮使其呈现灰色未选中状态时,在时间轴拖曳素材时没有对齐标线出现。一般情况下,我们让它处在蓝色选中状态下。

3.链接选择项

该按钮在蓝色选中状态时,素材的视频轨道和音频轨道是链接的状态,两个轨道是同时操作的;单击按钮使其呈现灰色未选中状态时,素材的视频轨道和音频轨道是未链接的状态,是可以分别操作的。一般情况下,我们让它处在蓝色选中状态。

4.添加标记 ♥

单击该按钮,在标尺上添加无序号的标记。此时,单击鼠标右键,可以选择清除标记、编辑标记等命令。单击编辑标记,会弹出"标记@……"对话框,如图 3-41 所示,可以编辑标记名称、颜色或者为标记添加注释等。

5.时间轴显示设置 🔧

单击该按钮,会出现显示的列表,如图 3-42 所示。想在时间轴中显示出来的,就在对应名称上单击,前面有对钩,不能显示的呈现灰色状态。

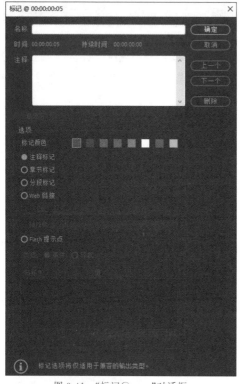

图 3-41　"标记@……"对话框

图 3-42　时间轴显示设置列表

3.3.2　序列和嵌套序列

序列就相当于一个小项目,它有自己单独的时间线和音/视频轨道,可以自由地进行素材的剪辑和制作,制作好的序列可以组合成一组素材放入其他序列中,这组组合序列素材就称为嵌套序列。项目比较复杂时,就可以将素材做成嵌套序列,先分别进行设置和操作,再合成为一个总序列,这样既可以对琐碎素材进行批量整体调整,也可以避免在同一个时间线上存在过多的素材片段。

嵌套序列
的应用

3.3.3　"效果控件"面板

将"效果控件"面板打开,里面有运动、不透明度等选项。展开"运动"选项,可以调整位置、缩放比例、缩放高度、缩放宽度、旋转等数据,即可改变素材的显示效果。

3.3.4　关键帧

在"效果控件"面板,每个更改项前都有一个"切换动画"按钮 ⏱,这个像闹钟一样的小按钮就是关键帧功能的启动键。单击它会变成蓝色启动状态,表示关键帧功能已启动,理论上可以设置无限个关键帧来完善最终效果。在关键帧功能开启的状态下,将时间指针拖到想设置关键帧的地方,然后对选项参数进行设置,软件会自动添加关键帧,其更改的值会被该点的关键帧接收,然后就会在"节目监视器"中看到关键帧的变换效果。如果想保持某种更改状态,也可以单击效果栏最右端的菱形按钮 ,添加一个保持关键帧,这样在一段时间内,这种状态就会保持不变。

3.4　课外拓展

运用风光视频的"片头 3-1.mp4"～"片头 3-8.mp4"八段素材,做一个影视片头。要求:画面上方和下方分别有四幅图片横向匀速等距运动。上方的图片从画外左侧向右侧运动直至出画,下方的图片由画外右侧向左侧运动直至出画,如图 3-43 所示。素材、工程文件和完成视频见配套资源包。同学们,根据本项目讲述的知识自己来试试看吧!

制作课外
拓展片头

图 3-43　风光视频效果

项目 4 电子相册制作
——文化自信，从爱上一座城市开始

教学案例

- 《城景》电子相册的制作。

教学内容

- 视频过渡效果的设置。

教学目标

- 熟练运用视频过渡效果，制作"立方体旋转"、"交叉伸展"、"卷页"、"缩放"和"擦除"等多种效果。
- 能够根据画面的特点和要求，对视频过渡效果进行调整。

场面的转换

职业素养

- 一个国家，或者一座城市，要实现真正的繁荣富强，就必须有高度的文化自信，它源于对自身文化生命力的坚定信念，是激发全社会奋发向上的强大精神力量。

项目分析

- 项目通过一组城市夜景的图片来制作名为《城景》的电子相册。华灯高照，绚丽夺目，古城的夜晚在璀璨的中灯光尽显生机，展现别样魅力，十分值得我们用镜头记录。因为图片都是静态图像，当我们带着对这个城市深沉的爱去制作电子相册时，我们主动为图片加入精致的视频过渡效果，让静态图像"动"起来，流畅和生动的画面中洋溢着厚重而不失灵动的城市意蕴与文化。

4.1　案例简介

本项目通过一组城市夜景的图片来制作一个名为《城景》的电子相册。华灯高照,绚丽夺目,古城的夜晚在璀璨的灯光中尽显生机,展现别样的魅力,十分值得我们用镜头记录。因为图片都是静态图像,所以在制作该电子相册时,我们为图片加入视频过渡效果,让静态图像"动"起来,整个电子相册也会更加流畅和生动。

4.2　课上演练

下面我们开始制作《城景》电子相册,具体操作步骤如下:

步骤 1　新建一个项目文件,命名为"城景",如图 4-1 所示。在打开的空白项目文件中,执行菜单栏中的"编辑"|"首选项"|"时间轴"命令,在弹出的"首选项"对话框中,设置"静止图像默认持续时间"为"75 帧",如图 4-2 所示,单击"确定"按钮。

制作《城景》
电子相册

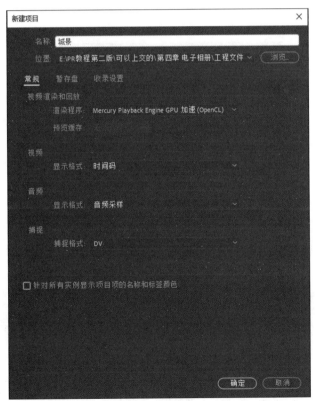

图 4-1　新建"城景"项目

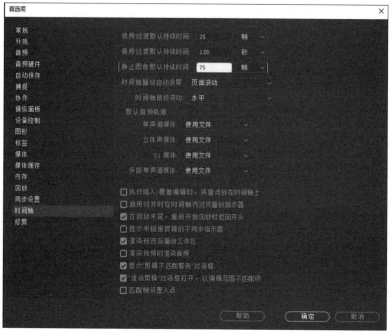

图 4-2　设置"静止图像默认持续时间"为"75 帧"

步骤 2　执行菜单栏中的"文件"|"导入"命令,弹出"导入"对话框,在该对话框中选择
"1.jpg"～"10.jpg"十幅城景图像,导入"项目"面板,如图 4-3 所示。

图 4-3　导入图像素材

步骤 3　选中"项目"面板中的素材"1.jpg",将其拖曳至空白时间轴中,此时"时间轴"面板
会自动建立一个与素材同名、同设置的序列,如图 4-4 所示。

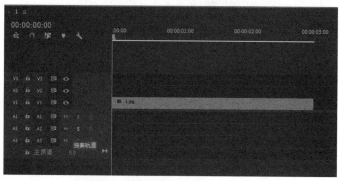

图 4-4　添加素材"1.jpg"到 V1 轨道

步骤 4 打开"效果"面板,选择"视频过渡"|"滑动"|"中心拆分"效果,如图 4-5 所示。将其拖曳到时间轴 V1 轨道素材的起始位置,做一个开场效果,如图 4-6 所示。

图 4-5 "效果"面板中的"中心拆分"效果

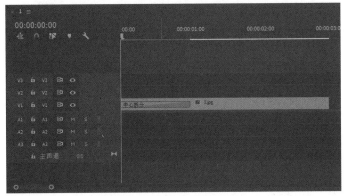

图 4-6 添加效果到起始位置

步骤 5 在时间轴 V1 轨道素材上,单击选中"中心拆分"效果,其效果调整框会出现在"效果控件"面板中,如图 4-7 所示。

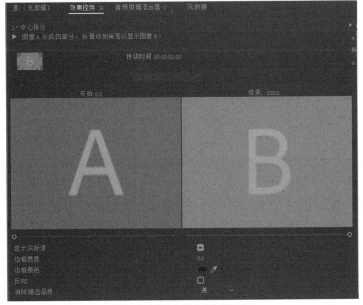

图 4-7 "中心拆分"效果调整

步骤6 视频过渡效果的默认持续时间就是1秒,如果需要延长或者缩短持续时间,可以将鼠标指针移动到该时间码上,当鼠标指针变成 ![] 样式后,按住并左右拖动鼠标即可更改;或者单击持续时间码,进入其编辑状态,直接输入需要持续的时间。在作品开头我们要用一个1秒的效果,所以这里的持续时间不需要调整,采用默认值即可。

步骤7 勾选"显示实际源"复选框,可以看到A、B两个画面显示了素材画面,这时滑动开始或结束的时间条,可以看到过渡效果的展示。勾选"反向"复选框,让四个画面向中心聚拢,如图4-8所示。这样作品开头的过渡效果就制作完成了。

图4-8 "中心拆分"效果的调整和显示

步骤8 在"项目"面板中选择素材"2.jpg",将其拖曳至时间轴V1轨道中"1.jpg"的右侧,使两张图片连接,如图4-9所示。

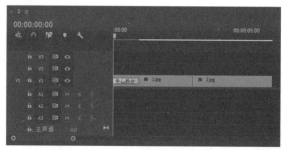

图4-9 添加素材"2.jpg"到V1轨道

步骤9 参照步骤8的操作方法,将素材"3.jpg"～"10.jpg"都拖曳至时间轴V1轨道中,如图4-10所示。

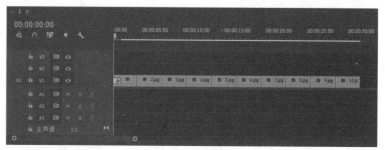

图4-10 添加剩余素材到V1轨道

步骤 10　打开"效果"面板,选择"视频过渡"|"3D 运动"|"立方体旋转"效果,如图 4-11 所示。将该效果拖曳至时间轴 V1 轨道"1.jpg"和"2.jpg"的连接处,如图 4-12 所示。

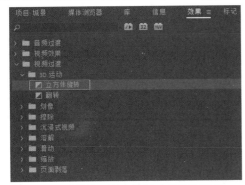

图 4-11　"效果"面板中的"立方体旋转"效果　　　图 4-12　添加效果到"1.jpg"和"2.jpg"的连接处

步骤 11　单击素材连接处的"立方体旋转"效果,该效果由黄色变为灰色的选中状态,此时"效果控件"面板显示出"立方体旋转"效果调整框,勾选"显示实际源"复选框,预览效果无误后,该过渡效果调整完成,如图 4-13 所示。

图 4-13　"立方体旋转"效果调整

步骤 12　打开"效果"面板,选择"视频过渡"|"划像"|"圆划像"效果,如图 4-14 所示。将该效果拖曳至时间轴 V1 轨道"2.jpg"和"3.jpg"的连接处,如图 4-15 所示。

图 4-14　"效果"面板中的"圆划像"效果　　　图 4-15　添加效果到"2.jpg"和"3.jpg"的连接处

步骤 13　单击素材连接处的"圆划像"效果,该效果由黄色变为灰色的选中状态,此时"效果控件"面板显示出"圆划像"效果调整框,勾选"显示实际源"复选框。单击"开始"后面的数值,输入"8.0",在"预览"面板可以看到一个小圆形,如图 4-16 所示。拖动这个小圆形向右上方移动,直至能显示出"月"字,如图 4-17 所示。这是在调整圆划像的起始位置。

图 4-16 "圆划像"的开始窗口

图 4-17 调整小圆形到需要位置

  步骤 14 调整好之后将"开始"后面的数值再调回为"0.0"。预览效果无误后,该过渡效果调整完成,如图 4-18 所示。

图 4-18 "圆划像"效果调整

  步骤 15 打开"效果"面板,选择"视频过渡"|"页面剥落"|"翻页"效果,如图 4-19 所示。将该效果拖曳至时间轴 V1 轨道"3.jpg"和"4.jpg"的连接处,如图 4-20 所示。

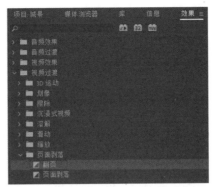

图 4-19　"效果"面板中的"翻页"效果

图 4-20　添加效果到"3.jpg"和"4.jpg"的连接处

步骤 16　鼠标单击素材连接处的"翻页"效果,该效果由黄色变为灰色的选中状态,此时"效果控件"面板显示出"翻页"效果调整框,勾选"显示实际源"复选框,单击调整框左上角效果图中右下角的小三角,即可从右下角开始翻页效果。预览效果无误后,该过渡效果调整完成,如图 4-21 所示。

图 4-21　"翻页"效果调整

步骤 17　打开"效果"面板,选择"视频过渡"|"溶解"|"叠加溶解"效果,如图 4-22 所示。将该效果拖曳至时间轴 V1 轨道"4.jpg"和"5.jpg"的连接处,如图 4-23 所示。

图 4-22　"效果"面板中的"叠加溶解"效果

图 4-23　添加效果到"4.jpg"和"5.jpg"的连接处

　　步骤 18　单击素材连接处的"叠加溶解"效果,该效果由黄色变为灰色的选中状态,此时"效果控件"面板显示出"叠加溶解"效果调整框,勾选"显示实际源"复选框,单击"持续时间"后面的时间码,输入 00:00:02:00,将效果的持续时间延长至 2 秒。预览效果无误后,该过渡效果调整完成,如图 4-24 所示。

图 4-24　调整效果持续时间到 2 秒

　　步骤 19　打开"效果"面板,选择"视频过渡"|"擦除"|"百叶窗"效果,如图 4-25 所示。将该效果拖曳至时间轴 V1 轨道"5.jpg"和"6.jpg"的连接处,如图 4-26 所示。

图 4-25　"效果"面板中的"百叶窗"效果

图 4-26　添加效果到"5.jpg"和"6.jpg"的连接处

　　步骤 20　单击素材连接处的"百叶窗"效果,该效果由黄色变为灰色的选中状态,此时"效果控件"面板显示出"百叶窗"效果调整框,勾选"显示实际源"复选框。单击调整框左上角效果图中左右的小三角,即可将百叶窗调整为竖向效果。单击最下方的"自定义"按钮,打开"百叶窗设置"对话框,将"带数量"调整为"50"(最大值),如图 4-27 所示,单击"确定"按钮。预览效果无误后,该过渡效果调整完成,如图 4-28 所示。

图 4-27　"百叶窗设置"对话框　　　　　　　图 4-28　"百叶窗"效果调整

步骤 21　打开"效果"面板,选择"视频过渡"|"缩放"|"交叉缩放"效果,如图 4-29 所示。将该效果拖曳至时间轴 V1 轨道"6.jpg"和"7.jpg"的连接处,如图 4-30 所示。

图 4-29　"效果"面板中的"交叉缩放"效果

图 4-30　添加效果到"6.jpg"和"7.jpg"的连接处

步骤 22　单击素材连接处的"交叉缩放"效果,该效果由黄色变为灰色的选中状态,此时"效果控件"面板显示出"交叉缩放"效果调整框,勾选"显示实际源"复选框。可以看到在"开始"和"结束"的预览框中心都有一个小圆形来限定缩放的中心点位置,我们可以用鼠标挪动"开始"和"结束"中的小圆形到红灯的位置,即让画面放大到红灯,再从红灯缩小至全屏。预览效果无误后,该过渡效果调整完成,如图 4-31 所示。

图 4-31　挪动开始和结束画框中的小圆形到需要位置

步骤 23　时间指针向后移动到图片 8 素材上,可以看到该素材较小,并没有占满全屏,我们可以通过调整缩放比例将图片放大至全屏。选中时间轴 V1 轨道上的图片"8.jpg"素材,在"效果控件"面板中,调整"缩放"选项的数值为"135.0",如图 4-32 所示。在"节目监视器"中可以看到图片已放大至全屏。接下来我们给"7.jpg"和"8.jpg"的连接处制作过渡效果。

图 4-32　调整图片"8.jpg"的"缩放"数值

步骤 24　打开"效果"面板,选择"视频过渡"|"沉浸式视频"|"VR 球形模糊"效果,如图 4-33 所示。将该效果拖曳至时间轴 V1 轨道"7.jpg"和"8.jpg"的连接处,如图 4-34 所示。

图 4-33　效果面板中的"VR 球形模糊"效果

图 4-34　添加效果到"7.jpg"和"8.jpg"的连接处

步骤 25　单击素材连接处的"VR 球形模糊"效果,该效果由黄色变为灰色的选中状态,此时"效果控件"面板显示出"VR 球形模糊"效果调整框,勾选"显示实际源"复选框。可以对"目标点"和"模糊强度"等选项进行调整来改变过渡效果,这里我们将"模糊强度"的数值调整为"30"。预览效果无误后,该过渡效果调整完成,如图 4-35 所示。

图 4-35　调整"模糊强度"数值

步骤 26　打开"效果"面板,选择"视频过渡"|"擦除"|"风车"效果,如图 4-36 所示。将该效果拖曳至时间轴 V1 轨道"8.jpg"和"9.jpg"的连接处,如图 4-37 所示。

图 4-36　"效果"面板中的"风车"效果

图 4-37　添加效果到"8.jpg"和"9.jpg"的连接处

步骤 27　单击素材连接处的"风车"效果,该效果由黄色变为灰色的选中状态,此时"效果控件"面板显示出"风车"效果调整框,勾选"显示实际源"复选框。单击最下方的"自定义"按钮,在打开的"风车设置"对话框中,将"楔形数量"调整为"4",如图 4-38 所示,单击"确定"按钮。

图 4-38　"风车设置"对话框

步骤 28　将"边框宽度"调整为"10"。单击"边框颜色"后面的颜色框,打开"拾色器"对话框,单击"拾色器" 来拾取图片 8 宝塔上的橘黄色,如图 4-39 所示,单击"确定"按钮。预览效果无误后,该过渡效果调整完成,如图 4-40 所示。

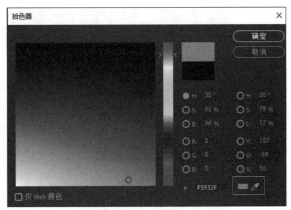

图 4-39　"拾色器"对话框

图 4-40　"风车"效果设置

步骤 29　打开"效果"面板,选择"视频过渡"|"3D 运动"|"翻转"效果,如图 4-41 所示。将该效果拖曳至时间轴 V1 轨道"9.jpg"和"10.jpg"的连接处,如图 4-42 所示。

图 4-41　"效果"面板中的"翻转"效果

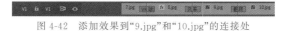

图 4-42　添加效果到"9.jpg"和"10.jpg"的连接处

步骤 30　单击素材连接处的"翻转"效果,该效果由黄色变为灰色的选中状态,此时"效果控件"面板显示出"翻转"效果调整框,勾选"显示实际源"复选框。单击最下方的"自定义"按钮,打开"翻转设置"对话框,将"带"调整为"3",双击"填充颜色"右面的颜色框,设置填充颜色为纯黑色(R、G、B 数值均为 0),如图 4-43 所示,单击"确定"按钮。预览效果无误后,该过渡效果调整完成,如图 4-44 所示。

图 4-43　"翻转设置"对话框

图 4-44　"翻转"效果调整

步骤 31 打开"效果"面板,选择"视频过渡"|"溶解"|"交叉溶解"效果,如图 4-45 所示。将该效果拖曳至时间轴 V1 轨道"10.jpg"的结尾处,如图 4-46 所示。该效果不需要进行调整。

图 4-45 "效果"面板中的"交叉溶解"效果

图 4-46 添加效果到结尾处

步骤 32 按 Ctrl+S 快捷键保存该项目文件后,执行菜单栏"文件"|"导出"|"媒体"命令,在打开的"导出设置"对话框,将"格式"设置为"H.264",单击"输出名称"后面的名字,进行名字和保存路径的修改,调整好之后单击"导出"按钮,如图 4-47 所示。

图 4-47 导出"城景"项目文件

4.3 功能工具

在使用 Premiere Pro CC 2019 编辑项目时,在素材的场景和场景、镜头和镜头之间可以添加适当的过渡效果,使得两个画面切换更加流畅和谐。Premiere 提供了多种预设好的转场过

渡效果,样式丰富、操作简单方便,下面我们来介绍各种视频过渡的使用方法和调整技巧。

4.3.1　视频过渡效果的添加和设置

在"效果"面板中展开"视频过渡"文件夹,打开需要添加的视频过渡类型文件
夹,然后将选取的视频过渡效果拖动到"时间轴"面板中素材的头尾或相邻素材间
相连接的位置即可。

在对"时间轴"面板中的素材剪辑添加了过渡效果后,会在该素材剪辑上显示　制作电子相册
过渡效果图标。单击该效果图标,可以打开"效果控件"面板,对过渡效果进行预览
和设置。我们以"百叶窗"效果为例来介绍一下过渡效果的设置,如图 4-48 所示。

如何给视频
制作过渡转
场效果

图 4-48　效果控件中的过渡效果设置

1.播放过渡

单击该按钮,可以在下面的效果预览窗格中播放该过渡效果的动画效果。

2.显示/隐藏时间轴视图

单击该按钮,可以在"效果控件"面板右边切换时间轴视图的显示。

3.持续时间

显示了视频过渡效果当前的持续时间,默认为 1 秒。在"时间轴"面板素材剪辑的过渡效
果图标上双击,或者单击鼠标右键并选择"设置过渡持续时间"命令,可以在打开的对话框中快
速设置过渡动画的持续时间,如图 4-49 所示。

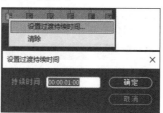

图 4-49　设置过渡持续时间

4.对齐

在该下拉列表中选择过渡动画开始的时间位置,如图 4-50 所示。中心切入:过渡动画的
持续时间在两个素材之间各占一半。起点切入:在前一素材中没有过渡动画,在后一素材的入
点位置开始。终点切入:过渡动画全部在前一素材的末尾。自定义起点:将鼠标指针移动到

"时间轴"面板中视频过渡效果持续时间的开始或结束位置,当鼠标指针改变形状后,按住并左右拖动鼠标,即可对视频过渡效果的持续时间进行自定义设置,如图 4-51 所示。将鼠标指针移动到视频过渡效果持续时间的中间位置,当鼠标指针改变形状后,按住并左右拖动鼠标,可以整体移动视频过渡时间位置,如图 4-52 所示。

图 4-50　"对齐"下拉列表　　图 4-51　用鼠标调整过渡持续时间　　图 4-52　用鼠标调整过渡时间位置

5.开始/结束

设置过渡效果动画进程的开始或结束位置,默认为从 0 开始,结束于 100% 的完整过程;修改数值后,可以在效果图示中查看过渡动画的开始或结束位置。拖动下方的滑块,可以预览当前过渡效果的动画效果;其停靠位置也可以对动画进程的开始或结束百分比位置进行定位,如图 4-53 所示。如果开始与结束位置的数值一致,则在过渡持续时间内显示为画中画效果。

图 4-53　过渡效果的开始/结束位置

6.显示实际源

勾选该选项,可以在效果预览、效果图示中查看应用该过渡效果的实际素材画面。

7.边框宽度

边框宽度用于设置过渡形状边缘的宽度。

8.边框颜色

单击该选项后面的颜色块,在弹出的"拾色器"对话框中可以对过渡形状的边框颜色进行设置;单击颜色块后面的"拾色器"图标 ，可以点选吸取界面中的任意颜色作为边框颜色。

9.反向

对视频过渡的动画过程进行反转,例如,将原本的由内向外展开,变成由外向内关闭。

10.消除锯齿品质

在该选项的下拉列表中,对过渡动画的形状边缘消除锯齿的品质级别进行选择。

11.自定义

某些视频过渡包含"自定义"选项,可以通过自定义选项对当前过渡效果进行自定义参数设置,以达到需要的过渡效果。

对于"时间轴"面板中素材剪辑上不再需要的视频过渡效果,可以在素材剪辑上添加的过渡效果图标上单击鼠标右键并选择"清除"命令,或直接按 Delete 键。如果要将已经添加的一

个视频过渡效果替换为其他效果,无须将原来的过渡效果删除再添加,只需要在"效果"面板中选中新的视频过渡效果后,按住并拖动到"时间轴"面板中,覆盖掉素材剪辑上原来的视频过渡效果即可。

4.3.2 视频过渡效果简介

1.3D 运动类视频过渡

3D 运动类视频过渡主要通过模拟三维空间中的运动物体来使画面产生立体过渡效果,包括"立方体旋转"和"翻转"两个过渡效果。

(1)立方体旋转:该过渡效果可以使素材以旋转的 3D 立方体的形式从素材 A 切换到素材 B,如图 4-54 所示。

(2)翻转:该过渡效果是翻转素材 A,然后逐渐显示出来素材 B,如图 4-55 所示。在效果调整框中单击"自定义"按钮,弹出"翻转设置"对话框,可调整翻转的图片带状数量及翻转时的背景颜色。

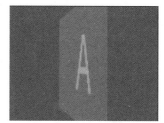

图 4-54 "立方体旋转"效果　　　　　　图 4-55 "翻转"效果

2.划像类视频过渡

划像类视频过渡是将一个视频素材逐渐淡入另一个视频素材中,包括"交叉划像"、"圆划像"、"盒形划像"和"菱形划像"四个过渡效果,如图 4-56 所示。

(1)交叉划像:该过渡效果是素材 B 逐渐出现在一个十字中,该十字越来越大,最后占据整个画面,如图 4-57 所示。在开始显示中有一个小圆形 ◎,该点为过渡的中心点,移动它可对中心点进行移动设置。

(2)圆划像:该过渡效果中素材 B 逐渐出现在慢慢变大的圆形中,该圆形将占据整个画面,如图 4-58 所示。

画中画效果
的制作

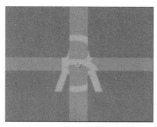

图 4-56 划像类视频过渡　　　图 4-57 "交叉划像"效果　　　图 4-58 "圆划像"效果

(3)盒形划像:该过渡效果是素材 B 逐渐显示在一个慢慢变大的矩形中,该矩形占据整个画面,如图 4-59 所示。

(4)菱形划像:该过渡效果中素材 B 逐渐出现在一个慢慢变大的菱形中,该菱形逐渐占据整个画面,如图 4-60 所示。

图 4-59　"盒形划像"效果　　　　图 4-60　"菱形划像"效果

3.擦除类视频过渡

擦除类视频过渡效果是擦除素材 A 的不同部分来显示素材 B,擦除转场效果共提供了以下十七种转场类型,如图 4-61 所示。

(1)划出:该过渡效果会使素材 A 以选中的小三角标记的方向滑动,逐渐显现素材 B。系统默认为向右滑动,如图 4-62 所示。

(2)双侧平推门:该过渡效果会使素材 A 从中心向两侧推开,逐渐显现素材 B,如图 4-63 所示。

图 4-61　擦除类视频过渡　　　图 4-62　"划出"效果　　　图 4-63　"双侧平推门"效果

(3)带状擦除:该过渡效果会使素材 B 以小三角标记的方向,以条状进入并覆盖素材 A,如图 4-64 所示。在效果调整框中单击"自定义"按钮,弹出"带状擦除设置"对话框,可调整带数量。

(4)径向擦除:该过渡效果会使素材 A 从四角中的任意一角移动,直至显示素材 B。系统默认从右上角向下移动,如图 4-65 所示。

(5)插入:该过渡效果会使素材 B 从素材 A 的任意一角斜插进入画面,系统默认为从左上角进入,如图 4-66 所示。

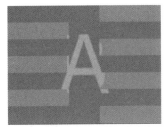

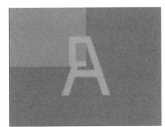

图 4-64　"带状擦除"效果　　　图 4-65　"径向擦除"效果　　　图 4-66　"插入"效果

(6)时钟式擦除:该过渡效果是以时钟顺时针转动的方式擦除素材 A,直至完全显示素材 B,时钟指针的方向可以在画面中的八个方向中任意选择,系统默认从画面上端开始擦除,如图 4-67 所示。

(7)棋盘:素材 A 的画面被分成棋盘一样的格子,先用素材 B 的画面取代一半的格子,在下一轮擦除中再取代另一半,如图 4-68 所示。在效果调整框中单击"自定义"按钮,弹出"棋盘设置"对话框,可调整水平和垂直切片数量。

(8)棋盘擦除:素材 A 被像棋盘一样的格子擦除,直至完全显示出素材 B。各格子从画面八个方向中的任意一个方向过渡,系统默认从画面左侧开始过渡,如图 4-69 所示。在效果调整框中单击"自定义"按钮,弹出"棋盘式划出设置"对话框,可调整水平、垂直切片数量。

图 4-67 "时钟式擦除"效果

图 4-68 "棋盘"效果

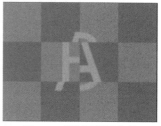
图 4-69 "棋盘擦除"效果

(9)楔形擦除:素材 A 以扇形打开的方式擦除,直至完全显示出素材 B。扇形的打开方向可以是画面八个方向中的任意一个,系统默认从画面上端打开,如图 4-70 所示。

(10)水波块:素材 A 沿"Z"字形交错擦除,直至完全显示出素材 B,如图 4-71 所示。在效果调整框中单击"自定义"按钮,弹出"水波块设置"对话框,可调整水平和垂直方向的方格数量。

(11)油漆飞溅:素材 B 像被泼在素材 A 上的油漆,慢慢扩散直至全面散开,如图 4-72 所示。

图 4-70 "楔形擦除"效果

图 4-71 "水波块"效果

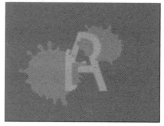
图 4-72 "油漆飞溅"效果

(12)渐变擦除:使用一张灰度图像来制作渐变切换效果。素材 A 充满灰度图像的灰色区域,然后通过每一个灰度色块开始显示进行切换,直到白色区域完全透明,如图 4-73 所示。在效果调整框中单击"自定义"按钮,弹出"渐变擦除设置"对话框,如图 4-74 所示,可选择不同的灰度渐变图像,并设置渐变的边缘柔和度。

(13)百叶窗:像百叶窗式逐渐擦除素材 A,直至完全显示出素材 B,如图 4-75 所示。在效果调整框中单击"自定义"按钮,弹出"百叶窗设置"对话框,可以更改百叶窗的带数量。

图 4-73 "渐变擦除"效果

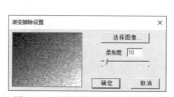
图 4-74 "渐变擦除设置"对话框

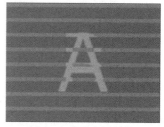
图 4-75 "百叶窗"效果

（14）螺旋框：素材 A 从上边沿顺着画面边缘成螺旋状擦除，直至完全显示出素材 B，如图 4-76 所示。在效果调整框中单击"自定义"按钮，弹出"螺旋框设置"对话框，可调整水平和垂直方向的方格数量。

（15）随机块：素材 B 被分割成许多不规则的条块显现在素材 A 上，逐渐覆盖素材 A，如图 4-77 所示。在效果调整框中单击"自定义"按钮，弹出"随机块设置"对话框，可调整水平和垂直方向的随机条块数量。

（16）随机擦除：素材 A 从画面上面或者左侧两个方向中的任意一个方向，成碎块状向相反方向擦除，直至完全显示出素材 B。系统默认从画面上端开始擦除，如图 4-78 所示。

图 4-76　"螺旋框"效果

图 4-77　"随机块"效果

（17）风车：素材 A 像转风车一样逐渐消失，直至完全显示出素材 B，如图 4-79 所示。在效果调整框中单击"自定义"按钮，弹出"风车设置"对话框，可调整风车的风叶数量，即楔形数量。

图 4-78　"随机擦除"效果

图 4-79　"风车"效果

4.沉浸式类视频过渡

沉浸式类视频过渡用于制作 VR 沉浸式过渡效果，需要配合 VR 眼镜才可观察其效果，它提供了八种转场类型，如图 4-80 所示。

图 4-80　沉浸式类视频过渡

（1）VR 光圈擦除：该过渡效果是将素材 A 的亮度映射到素材 B 中，在效果调整框中调整"目标点"选项数值，可改变过渡的中心点位置；调整"羽化"选项数值，可模糊擦除边缘。

（2）VR 光线：该过渡效果可以模拟强光效果，营造似梦似幻的感觉。

（3）VR 渐变擦除：该过渡效果可以模拟冰川解冻效果，素材 A 如冰块般裂开过渡到素材 B。

（4）VR 漏光：该过渡效果是在素材上添加一层炫丽光斑，从素材 A 到素材 B，由暖色调过渡到冷色调。

（5）VR 球形模糊：该过渡效果可以模拟目眩效果，形成神秘感与科技感。

（6）VR 色度泄漏：该过渡效果可以将素材 A 中亮度较强部分持续增亮，直至景物完全溶于光中即过渡完毕。

（7）VR 随机块：该过渡效果将素材 B 随机切割成大小、长宽不一的矩形。

（8）VR 默比乌斯缩放：该过渡效果将素材 A 和素材 B 扭曲变形为两条立体状的默比乌斯带，形成强烈的魔幻感与视觉冲击力。

5.溶解类视频过渡

溶解类视频过渡主要表现是一个画面逐渐消失，同时另一个画面逐渐显现。包括七种过渡效果，如图 4-81 所示。

图 4-81　溶解类视频过渡

（1）MorphCut：该过渡效果是用于两个样式相似的图片之间，可解决视频中跳帧的功能问题。

（2）交叉溶解：该过渡效果是素材 B 渐显的同时，素材 A 逐渐隐去。

（3）叠加溶解：该过渡效果是素材 A 溶解为半透明状态，然后素材 B 渐显出来。

（4）白场过渡：该过渡效果是素材 A 渐隐成白色，然后素材 B 渐显出来。

（5）胶片溶解：该过渡效果是素材 B 均匀溶解，置换素材 A。

（6）非叠加溶解：该过渡效果是素材 A 和素材 B 同色调渐隐突出反差，再显示素材 B。

（7）黑场过渡：该过渡效果是素材 A 渐隐成黑色后，素材 B 再渐显出现。

6.滑动类视频过渡

滑动类视频过渡是表现过渡的最简单形式，将一个画面移开即可显示另一个画面。滑动类视频过渡组中包括五个过渡效果，如图 4-82 所示。

（1）中心拆分：素材 A 被一个十字分为四部分，这四个部分分别向画面四角滑出，显示出素材 B，如图 4-83 所示。

（2）带状滑动：素材 B 以条状进入，并逐渐覆盖素材 A。素材 B 进入的方向可以是画面八个方向中的任意方向，系统默认从画面左右两侧进入，如图 4-84 所示。在效果调整框中单击"自定义"按钮，弹出"带状滑动设置"对话框，可调整切换条的数量。

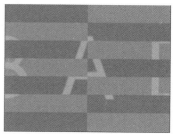

图 4-82　滑动类视频过渡　　图 4-83　"中心拆分"效果　　图 4-84　"带状滑动"效果

（3）拆分：将素材 A 从中轴线向两侧拉开，显示出素材 B。系统默认画面向左右两侧拉开，如图 4-85 所示。

（4）推：素材 B 像幻灯片一样，从一侧将素材 A 推出屏幕。系统默认从画面左侧进入，如图 4-86 所示。

（5）滑动：将素材 B 从任意方向滑入，把素材 A 覆盖。系统默认从画面左侧滑入，如图 4-87 所示。

图 4-85　"拆分"效果　　　　图 4-86　"推"效果　　　　图 4-87　"滑动"效果

7.缩放类视频过渡

缩放类视频过渡会对画面进行放大或者缩小操作，同时使缩放后的画面运动起来，这就形成了花样丰富的转场特效。该组过渡效果只有"交叉缩放"。

交叉缩放：素材 A 放大到画面的小圆圈位置后冲出，素材 B 从画面中的小圆圈位置缩小并进入。

8.页面剥落类视频过渡

页面剥落类视频过渡有以下两种方式：

（1）翻页：该过渡效果是素材 A 以翻页的形式从画面一角卷起，背景透明，直至完全显示出素材 B。系统默认从画面左上角卷起，如图 4-88 所示。

（2）页面剥落：该过渡效果是素材 A 以剥落的形式从画面一角卷起，卷角不透明，直至完全显示出素材 B。系统默认从画面左上角剥落，如图 4-89 所示。

 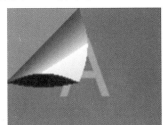

图 4-88　"翻页"效果　　　　图 4-89　"页面剥落"效果

4.4　课外拓展

利用所给的图片素材文件，采用视频过渡的效果，通过对过渡效果的调整，制作几个画中画的效果，如图 4-90、图 4-91、图 4-92 所示。具体制作方法和成品见配套资源包。

图 4-90　课外拓展画中画效果(1)

图 4-91　课外拓展画中画效果(2)

图 4-92　课外拓展画中画效果(3)

制作画中画

项目 5 特效短片制作
——精益求精，秉持弘扬工匠精神

教学案例

- 颜色校正、蒙版应用和特殊转场等视频短片的制作。

教学内容

- 视频特效的效果；视频特效的调整；局部蒙版的应用。

教学目标

- 熟练运用视频效果工具，能进行"颜色校正"、"镜像"、"变换"和"键控"等效果的操作。
- 能够根据视频的特点和要求，加入恰当的视频效果，并对其进行整体调整或局部调整。

职业素养

- 专心雕琢每一个视觉效果，这种用心对待作品的态度就是工匠精神的思维和理念。在影视制作人的眼里，满满的是一丝不苟的细节考量，对制作环节的精益求精，对完美作品的孜孜追求。

项目分析

- 本项目应用视频效果制作三个视频短片。每个短片都有其缺陷和需要调整的部分，为了使短片呈现美好、梦幻、动感的视觉效果，我们利用视频效果进行调整与完善，让整部作品更加符合主题、完整流畅，每一帧呈现出来的画面都展现美妙的风格。

5.1 案例简介

本项目应用视频效果制作三个视频短片。每个短片都有其缺陷和需要调整的部分,为了来使短片达到美好、梦幻、动感的视觉效果,让整部作品更加符合主题、完整流畅,我们会应用一些恰当的视频效果。

5.2 课上演练

在本节中,我们将利用案例来熟悉视频特效的主要功能键。在制作特效短片中,我们将会运用到镜头光晕、色彩校正、马赛克、键控、镜像等视频特效。具体操作步骤如下:

5.2.1 颜色校正

在影视后期制作中,作品的颜色校正与调整非常重要。颜色校正能够弥补由于设备或环境等问题导致的颜色瑕疵,也可以为作品创造出不同的风格、丰富视频的色彩等。

颜色校正

步骤 1 新建项目,命名为"颜色校正",新建序列,命名为"颜色校正"。在"项目"面板导入视频素材"颜色校正.mp4"。

步骤 2 将"颜色校正.mp4"拖曳到时间轴 V1 轨道上,观看素材。根据几段素材的不同情况来进行不同的颜色校正。为了方便不同的校正操作,我们可以先将几段素材切开。我们可以运用"剃刀工具",在 3 秒(00:00:03:00)、8 秒 3 帧(00:00:08:03)、16 秒 13 帧(00:00:16:13)、22 秒 17 帧(00:00:22:17)、26 秒 17 帧(00:00:26:17)、30 秒 17 帧(00:00:30:17)等位置切开视频。

步骤 3 片头素材中蓝天的颜色不够饱满,我们先对该画面进行调整。打开上方的"颜色"面板,如图 5-1 所示,此时在界面右方出现"Lumetri 颜色"面板,如图 5-2 所示。该画面仅有蓝、白两种颜色,我们将利用该面板中的效果来整体调整片头画面的颜色。整体调色主要是对画面进行色彩还原,包括校正画面的亮度、白平衡、饱和度等。

图 5-1 "颜色"面板

步骤 4 展开"Lumetri 颜色"面板中的"创意"选项,单击"Look"选项后的下拉按钮,在下拉列表中可以看到多种风格预设选项,如图 5-3 所示。我们可以通过下面预览框看到风格效果,也可以通过"＜""＞"箭头来切换预览不同效果,如图 5-4 所示。根据预览对比,我们选中"SL BLUE DAY4NITE"效果,如图 5-5 所示,我们也可以通过"节目监视器"面板看到调色后的效果。

图 5-2 "Lumetri 颜色"面板

图 5-3 "Look"下拉列表

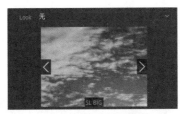

图 5-4 风格效果预览框

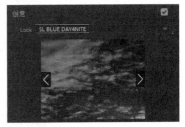

图 5-5 "SL BLUE DAY4NITE"效果

　步骤 5　第二段素材是河边杨柳,这段素材颜色饱和度明显不足,需要我们来进行调整。如果没有合适的预设加载,则需要手动调节,在"效果控件"面板中的"基本校正"选项组中手动设置参数,如图 5-6 所示。此时可以从"节目监视器"面板看到视频效果。

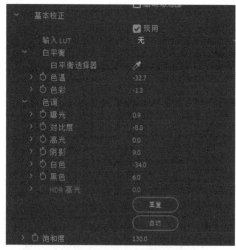

图 5-6　"基本校正"选项组

步骤 6　第三段素材是一段绿植的视频，我们可以对绿植进行变色处理。打开"效果"面板，选择"视频效果"|"颜色校正"|"更改颜色"效果（或直接搜索"更改颜色"），如图 5-7 所示，将其拖曳到第三段素材上。在"效果控件"面板，展开"更改颜色"选项，"匹配颜色"选择"使用色相"，选择"要更改的颜色"后面的"吸管工具"，在"节目监视器"面板的画面中采集到绿植的颜色，如图 5-8 所示。

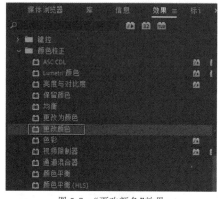

图 5-7　"更改颜色"效果

图 5-8　"更改颜色"选项调整

步骤 7　在初始位置，为"色相变换"添加关键帧，数值为"0.0"。将时间指针向后移动到 9 秒（00:00:09:00）位置，增加"色相变换"关键帧，数值为"60.0"，"匹配容差"数值调整为"60%"，如图 5-9 所示。将时间指针向后移动到 9 秒 24 帧（00:00:09:24）位置，增加"色相变换"关键帧，数值不变。

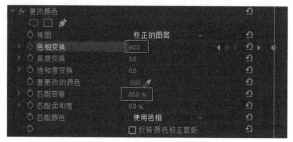

图 5-9　调整"色相变换"和"匹配容差"数值

时间指针向后移动一帧，即 10 秒（00:00:10:00）位置，增加"色相变换"关键帧，数值为"150.0"。

将时间指针向后移动到 10 秒 24 帧（00:00:10:24）位置，增加"色相变换"关键帧，数值不变。

时间指针向后移动一帧，即 11 秒（00:00:11:00）位置，增加"色相变换"关键帧，数值为"220.0"。

将时间指针向后移动到 11 秒 24 帧（00:00:11:24）位置，增加"色相变换"关键帧，数值不变。

时间指针向后移动一帧，即 12 秒（00:00:12:00）位置，增加"色相变换"关键帧，数值为"260.0"。

将时间指针向后移动到 12 秒 24 帧（00:00:12:24）位置，增加"色相变换"关键帧，数值不变。

时间指针向后移动一帧，即 13 秒（00:00:13:00）位置，增加"色相变换"关键帧，数值为"320.0"。

将时间指针向后移动到 13 秒 24 帧（00:00:13:24）位置，增加"色相变换"关键帧，数值不变。

时间指针向后移动一帧，即 14 秒（00:00:14:00）位置，增加"色相变换"关键帧，数值为"360.0"。如图 5-10 所示，第三段变色视频就制作完成了。

图 5-10 为"色相变换"添加的关键帧

步骤 8 从第四段视频中明显可以看出颜色不真，有偏色现象。我们可以用"RGB 曲线"来进行调节。打开"效果"面板，选择"视频效果"|"过时"|"RGB 曲线"效果，如图 5-11 所示，将其拖曳到第四段素材上。在"效果控件"面板，找到"RGB 曲线"选项，主曲线控制亮度，线条的右上角区域代表高光，左下角区域代表阴影。我们也可以选择性地仅针对红色、绿色或蓝色通道中的一个进行调整。可以在曲线上直接单击添加控制点，然后拖曳控制点来调整色调区域。向上或向下拖动控制点，可以使要调整的色调区域变亮或变暗，向左或向右拖动控制点可增加或减小对比度。我们可以更改这四个曲线如图 5-12 所示。

图 5-11 "RGB 曲线"效果

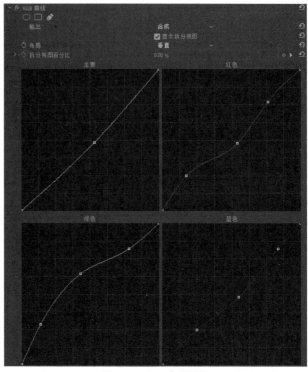

图 5-12　RGB 曲线调整

步骤 9　勾选"显示拆分视图"复选框，"布局"选项选择"垂直"，此时我们可以在"节目监视器"面板看到一半调完色、一半未调色的画面，可以用来做调色的对比参照。我们将时间指针放到第四段视频的起始位置(00:00:16:13)，添加"拆分视图百分比"关键帧，将数值调整为"0.00％"，如图 5-13 所示。向后移动时间指针到 18 秒 13 帧(00:00:18:13)位置，增加"拆分视图百分比"关键帧，将数值调整为"100.00％"，视频会出现动态划像对比调色前后效果。这样，第四段视频制作完成。

步骤 10　第五段视频看起来色彩很自然饱满，我们将该视频制作成老电影效果。打开"效果"面板，选择"视频效果"|"颜色校正"|"颜色平衡(HLS)"效果，如图 5-14 所示，将其拖曳到第五段视频上。在"效果控件"面板，找到"颜色平衡(HLS)"选项，调整"饱和度"数值为"-55.0"，让色彩不再丰富鲜艳，如图 5-15 所示。

图 5-13　"RGB 曲线"选项调整　　图 5-14　"颜色平衡(HLS)"效果　　图 5-15　"饱和度"调整

步骤 11　在"效果"面板，选择"视频效果"|"图像控制"|"颜色平衡(RGB)"效果，如图 5-16 所示，将其拖曳到第五段视频上。在"效果控件"面板，找到"颜色平衡(RGB)"选项，调

整"红色"为"107","绿色"为"94",压低"蓝色"值为"30",做出怀旧的偏黄色,如图 5-17 所示。

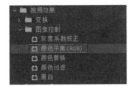 

图 5-16 "颜色平衡(RGB)"效果　　　图 5-17 RGB 颜色调整

步骤 12　下面我们可以再为该视频做一些噪波。在"效果"面板,选择"视频效果"|"杂色与颗粒"|"杂色"效果,如图 5-18 所示,将其拖曳到第五段视频上。在"效果控件"面板,找到"杂色"选项,将"杂色数量"改为"20.0%",如图 5-19 所示,就可以出现老电影效果了。

图 5-18　　　　　　　　　图 5-19 "杂色数量"调整

步骤 13　在第六段视频我们做一个保留颜色效果。在"效果"面板,选择"视频效果"|"颜色校正"|"保留颜色"效果,如图 5-20 所示,将其拖曳到第六段视频上。在"效果控件"面板,找到"保留颜色"选项,选择"要保留的颜色"选项后面的"吸管工具",来吸取想保留的画面中灯笼的红色,"匹配颜色"选项选择"使用色相",将"脱色量"改为"80.0%",如图 5-21 所示,此时"节目监视器"面板画面除了灯笼的红色,其他均已变为黑白色。

图 5-20 "保留颜色"效果　　　图 5-21 "保留颜色"选项调整

步骤 14　将时间指针调到第六段视频的起始位置(00:00:26:17),添加"脱色量"的关键帧,数值为"80.0%"。向后移动时间指针到 28 秒 17 帧(00:00:28:17),增加"脱色量"关键帧,数值改为"0.0%",如图 5-22 所示。此时我们就制作完成了一个保留颜色的动画效果。

图 5-22 为"脱色量"添加的关键帧

步骤 15　在第七段视频,我们通过调色做一个恐怖风格效果。在"效果"面板,选择"视频效果"|"过时"|"快速颜色校正器"选项,如图 5-23 所示,将其拖曳到第七段视频上。在"效果控件"面板,找到"快速颜色校正器"选项,转动"色相平衡和角度"的大色环,让画面中的蓝色湖水变为红色,增加恐怖气氛。拖曳色环里面的小圆环,让画面整体呈现绿色调,最后调整如图 5-24 所示。

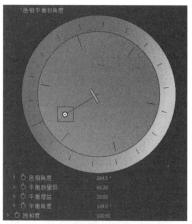

图 5-23 "快速颜色校正器"效果　　　　　图 5-24 "色相平衡和角度"调整

步骤 16　这时视频的亮度仍然很高,恐怖气氛不够。我们将"输入灰色阶"数值调整为"0.67",如图 5-25 所示。此时整体画面亮度下降,观看"节目监视器"面板画面,达到恐怖效果。

图 5-25 "输入灰色阶"数值调整

步骤 17　这时,我们将七段视频的色彩全部校正完毕。观看整体视频效果,保存项目后导出视频作品即可。成品效果见教材配套资源。

5.2.2　特殊转场效果

本节我们对时下流行的短视频转场效果进行解析,讲解制作特殊转场效果需要用到的特效。

步骤 1　新建项目,命名为"转场效果",新建序列,命名为"转场效果"。在"项目"面板导入素材"天鹅.jpg"、"猫咪.jpg"和"猫咪 2.jpg"。

步骤 2　开篇我们做一个放大旋转的转场效果。先将素材"天鹅.jpg"拖曳到时间轴 V1 轨道上,添加"效果"面板中的"视频效果"|"扭曲"|"变换"效果,如图 5-26 所示。

制作特殊转场

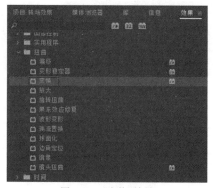

图 5-26 "变换"效果

步骤 3 将时间指针移动到素材起始位置,在"效果控件"面板,将"快门角度"调整为"360.00",添加"变换"效果中的"缩放"和"旋转"的关键帧,数值分别为"600.0"和"180.0°",如图 5-27 所示。

图 5-27 "变换"选项调整

步骤 4 将时间指针向后移动 20 帧(为了让大家看清楚效果,我们把时间拉长了,大家做的时候可以缩短效果的变换时间),增加"缩放"和"旋转"的关键帧,数值调整为"100.0""720.0°"(输入后自动转换为"2×0.0°"),如图 5-28 所示。此时,在"节目监视器"面板里,已经能看到放大旋转的效果了。接下来我们可以把效果做得更顺畅自然。

图 5-28 为"缩放"和"旋转"添加关键帧

步骤 5 选中刚刚做好的四个关键帧,单击鼠标右键,在弹出的快捷菜单中执行"自动贝塞尔曲线"命令,如图 5-29 所示,此时关键帧形态变为圆形,它又被称为"平滑关键帧",可以让素材的运动更加顺畅。这样放大旋转的效果就制作完成了,该段素材画面保留 1 秒 20 帧,其他多余部分裁掉。

步骤 6 将第二个素材画面"猫咪.jpg"拖曳到时间轴 V1 轨道上,为它加入弹性抖动效果。在"效果"面板中,选择"视频效果"|"风格化"|"复制",如图 5-30 所示,将其拖曳到素材上,"节目监视器"面板中的画面被分成四个。

图 5-29 执行"自动贝塞尔曲线"命令

图 5-30 "复制"效果

步骤7　在"效果"面板中,选择"视频效果"|"扭曲"|"偏移",如图 5-31 所示,将"偏移"效果拖曳到素材上,调整"偏移"效果的"将中心移位至"参数为"540.0,153.0",如图 5-32 所示(数值根据画面大小的不同会有所不同,只要让猫咪画面居中即可),让"节目监视器"面板中猫咪的构图比例调整为居中,避免制作动画时穿帮,如图 5-33 所示。

图 5-31　"偏移"效果

图 5-32　"偏移"选项调整

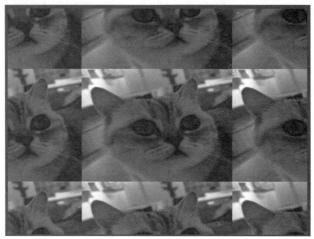

图 5-33　"偏移"效果显示

步骤8　在"效果"面板中,选择"视频效果"|"扭曲"|"镜像",如图 5-34 所示,将"镜像"效果拖曳到素材上,调整"镜像"效果的"反射中心"参数为"528.0,305.0"。此时"节目监视器"面板中猫咪的右侧为镜像显示,更改"镜像"效果的名称为"镜像(右方)",如图 5-35 所示。

图 5-34　"镜像"效果

图 5-35　"镜像(右方)"选项调整

步骤9　为素材画面依次添加下方、左方、上方的"镜像"效果,并更改其名称。如图 5-36所示,分别调整"镜像"效果的"反射中心"和"反射角度"的参数。此时,"节目监视器"面板中猫咪的镜像显示效果如图 5-37 所示。

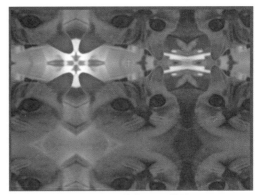

图 5-36　添加其他三个方向"镜像"效果

图 5-37　"镜像"显示效果

步骤 10　在"效果"面板中,选择"视频效果"|"扭曲"|"变换",将"变换"效果拖曳到素材上。调整"变换"效果的相关参数,将"缩放"设置为"200.0",将"快门角度"设置为"360.00",如图 5-38 所示。

图 5-38　添加并调整"变换"效果

步骤 11　将时间指针拖曳到素材的起始位置(00:00:01:20),在"效果"面板中,将"位置"设置为"28.0","23.0",创建关键帧;将时间指针向后移动 5 帧,增加"位置"关键帧,参数为"245.0","536.0";将时间指针再次向后移动 5 帧,增加"位置"关键帧,参数为"680.0,32.0";将时间指针再次向后移动 5 帧,增加"位置"关键帧,参数为"246.0,347.0";将时间指针再次向后移动 5 帧,增加"位置"关键帧,参数为"444.0,207.0";将时间指针再次向后移动 5 帧,增加"位置"关键帧,参数为"303.0,291.0";将时间指针再次向后移动 5 帧,增加"位置"关键帧,参数为"382.0,226.0";将时间指针再次向后移动 5 帧,增加"位置"关键帧,参数为"360.0,288.0"。共创建 8 个关键帧,如图 5-39 所示。我们也可以单击"变换"前的"框选工具" ▫▸ ,在"节目监视器"面板会出现一个"⊕",拖曳"⊕"到合适的位置,位置的数值也会相应发生改变,通过拖曳到不同的位置,产生不同的位置关键帧。我们设置的位置参数不是固定的,可以根据设想的运动路径去设置不同的位置参数。

图 5-39　添加"位置"关键帧

步骤 12　为了避免运动生硬，我们可以调节关键帧的插值方式。选中所有关键帧，单击鼠标右键，在弹出的快捷菜单中执行"临时差值"|"缓入"命令，如图 5-40 所示。此时关键帧的形态发生了改变，展开"位置"属性，当前贝塞尔曲线如图 5-41 所示，选中所有关键帧，将它们向上移动，最终曲线效果如图 5-42 所示。此时弹性抖动效果就制作完成了。该段素材画面保留到 3 秒 20 帧，其他多余部分裁掉。

图 5-40　执行"临时差值"|"缓入"命令　　图 5-41　"位置"贝塞尔曲线　图 5-42　关键帧上移后效果

步骤 13　因为这个效果需要的特效很多，调整的参数也很多，如果我们需要多次用到该转场效果，可以将其保存下来。在"效果控件"面板中，按住 Ctrl 键，依次选择所有效果，单击鼠标右键，在弹出的快捷菜单中执行"保存预设"命令，如图 5-43 所示，在弹出的对话框中修改名称为"弹性抖动"，如图 5-44 所示，单击"确定"按钮。新保存的预设效果存储在"效果"面板中的"预设"文件夹内，如图 5-45 所示，需要用到该效果时，直接将其拖入即可。

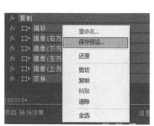

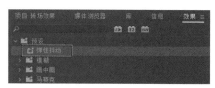

图 5-43　执行"保存预设"命令　　图 5-44　设置名称为"弹性抖动"　　图 5-45　"预设"文件夹

步骤 14　将第三个素材画面"猫咪 2.jpg"拖曳到时间轴 V1 轨道上，为它制作炫酷的震动效果。按住 Alt 键拖动素材，可将其复制到 V2 轨道上，重命名为"猫咪震动"，如图 5-46 所示。选择 V2 轨道素材"猫咪震动"，为其添加"视频效果"|"扭曲"|"变换"效果。将时间指针拖曳到素材起始位置（00:00:03:20），在"效果控件"面板，调整"变换"效果的相关参数，添加"位置"、"缩放"和"不透明度"的关键帧，数值维持原始不变，如图 5-47 所示。

图 5-46　复制"猫咪"素材到 V2 轨道并重命名　　　　图 5-47　添加并调整"变换"效果

步骤 15　将时间指针向后移动 10 帧(00:00:04:05),增加"位置"关键帧,设置为"332.0,
316.0","缩放"关键帧设置为"150.0","不透明度"关键帧设置为"0.0",如图 5-48 所示。如果
觉得效果不明显,可以再加两组关键帧,将变化再重复一次。

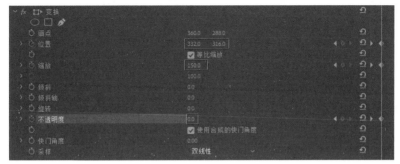

图 5-48　设置"位置"、"缩放"和"不透明度"关键帧

步骤 16　在"效果"面板中,选择"视频效果"|"沉浸式视频"|"VR 色差",如图 5-49 所示,
将"VR 色差"拖曳到 V1 轨道"猫咪 2.jpg"素材上。将时间指针调到 4 秒 5 帧位置(00:00:04:
05),在"效果控件"面板,取消勾选"自动 VR 属性"复选框,"帧布局"调整为"立体-上/下",分
别添加"色差(红色)"、"色差(绿色)"和"色差(蓝色)"关键帧,设置参数均为"0.0",如图 5-50
所示。

图 5-49　"VR 色差"效果　　　　　图 5-50　添加"色差(红色/绿色/蓝色)"关键帧

步骤 17　时间指针向后移动 3 帧,增加"色差(红色)"、"色差(绿色)"和"色差(蓝色)"的
关键帧,参数分别设置为"50.0"、"-15.0""-50.0";将时间指针继续向后移动 3 帧,增加"色差
(红色)"、"色差(绿色)"和"色差(蓝色)"关键帧,参数分别设置为"15.0""-5.0""10.0",如图 5-51
所示;将时间指针继续向后移动 3 帧,增加"色差(红色)"、"色差(绿色)"和"色差(蓝色)"关键
帧,设置参数均为"0.0"。

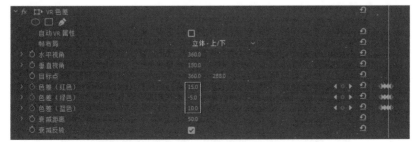

图 5-51　调整并添加"色差(红色/绿色/蓝色)"关键帧

步骤 18　播放素材,可以看到炫酷的震动效果就制作完成了。第三段视频效果我们保留
到 5 秒长度,再把 V1、V2 轨道剩余的素材裁掉即可。

步骤 19　特殊转场效果制作完成后,保存项目,导出成品视频作品。

5.2.3 蒙版与键控

蒙版是 Premiere Pro CC 2019 中一个重要的合成工具,蒙版的应用非常广泛,常用来制作一些局部的转场或效果,最常见的功能就是给人物面部或其他不方便公开的局部画面打马赛克,做模糊处理。键控可以将单色背景拍摄的素材抠出来并合成素材,制作出相关的抠像与合成效果,这也是很多影视作品常用的效果之一。本节主要通过案例制作讲解蒙版和键控的基础操作及其合成效果。

步骤 1 新建项目,命名为"蒙版与键控",新建序列,命名为"蒙版与键控"。在"项目"面板导入素材"花朵.jpg"、"猫咪.jpg"、"跟踪.mp4"、"花朵 2.mp4"、"天空.jpg"和"花朵 3.mp4"。

步骤 2 我们要将猫头显示在花朵上面,如图 5-52 所示。先将素材放置到时间线上,要注意时间线素材有上、下层级关系,会优先显示上一层画面,所以要将素材"猫咪.jpg"(V2 轨道)放置在素材"花朵.jpg"(V1 轨道)的上层,如图 5-53 所示。

运用蒙版和
键控制作效果

图 5-52　蒙版显示效果　　　　　　　图 5-53　轨道图层关系

步骤 3 在"效果控件"面板中,调整"运动"效果的"位置"和"缩放"属性,用于调整素材"猫咪.jpg"(V2 轨道)的位置与大小,选取合适的画面放在花朵中央,如图 5-54 所示。

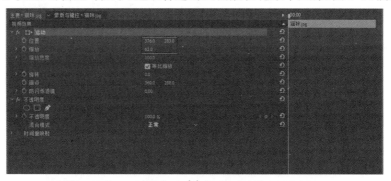

(a)

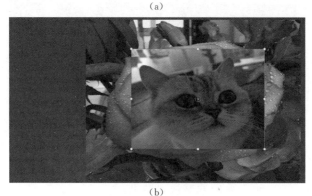

(b)

图 5-54　"效果控件"面板"运动"选项调整

步骤 4 单击关闭素材"猫咪.jpg"（V2 轨道）的轨道显示按钮 ，V2 轨道为不可见，如图 5-55 所示，此时"节目监视器"面板已经不再显示猫咪，是纯粹的花朵画面。在"效果控件"面板中，为素材"猫咪.jpg"（V2 轨道）添加"不透明度"的蒙版。按照花朵大小，选择椭圆形蒙版 来绘制，并调整蒙版大小，再适当增大蒙版羽化值，使边缘更加柔和，如图 5-56 所示。

图 5-55 设置 V2 轨道不可见

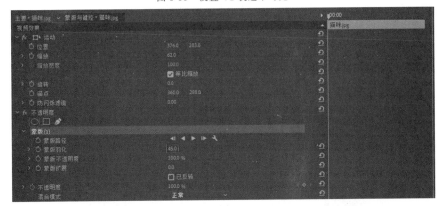

(a)

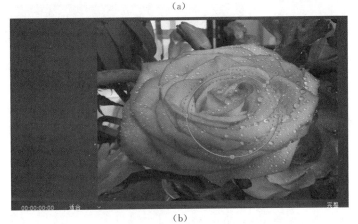

(b)

图 5-56 添加"不透明度"蒙版

步骤 5 单击开启素材"猫咪.jpg"（V2 轨道）的显示按钮 ，此时可以看到猫咪在花朵中心。将时间指针移至素材起始位置，添加"蒙版不透明度"和"蒙版扩展"的关键帧，数值为"0.0%"和"−209.0"，如图 5-57 所示。向后移动时间指针到 2 秒位置（00:00:02:00），增加"蒙版不透明度"和"蒙版扩展"的关键帧，数值为"100%"和"29.0"，如图 5-58 所示。这样一个简单的蒙版效果就做好了。本段素材我们保留到 2 秒 20 帧（00:00:02:20），剩余部分裁掉即可。

图 5-57 添加蒙版选项关键帧

图 5-58　调整并添加蒙版选项关键帧

　　步骤 6　下面我们做一个蒙版跟踪的效果。将素材"跟踪.mp4"拖曳到时间轴 V1 轨道上,可以看到里面有一只鸭子在游动,我们将这只鸭子当作不方便公开的局部画面,为它做局部马赛克或者局部模糊,我们这里以局部模糊为例来进行讲解。

　　步骤 7　在"效果"面板中,选择"视频效果"|"模糊与锐化"|"高斯模糊",如图 5-59 所示,将"高斯模糊"拖曳到 V1 轨道"跟踪.mp4"素材上。在"效果控件"面板,调整"高斯模糊"效果的"模糊度"参数,数值为"25.0",如图 5-60 所示。此时"节目监视器"面板中整体画面都呈现模糊效果。

图 5-59　"高斯模糊"效果

图 5-60　"模糊度"数值调整

　　步骤 8　将时间指针调整到该素材的起始位置(00:00:02:20),选择"高斯模糊"效果下面的"钢笔工具" ,在"节目监视器"面板中按照鸭子的轮廓用钢笔勾画出鸭子的形状。如果觉得模糊画面不好勾画,可以单击"高斯模糊"效果前面的切换效果开关 ,此时模糊效果关闭,即可在清晰画面上对鸭子进行勾画了,勾画完成如图 5-61 所示。

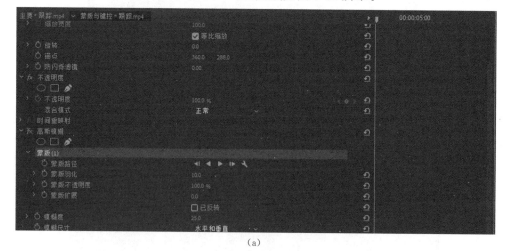

(a)

图 5-61　添加"高斯模糊"蒙版

（b）

续图 5-61　添加"高斯模糊"蒙版

步骤 9　再次单击"高斯模糊"效果前面的切换效果开关 **fx** ，将模糊效果开启，可以在"节目监视器"面板看到，在整体画面清晰的情况下鸭子已经局部模糊了。但因为鸭子是运动的，所以在此我们要对蒙版进行跟踪设置，此时我们可以启用蒙版路径自动跟踪，如图 5-62 所示。

图 5-62　启用蒙版路径自动跟踪

步骤 10　因为时间指针在素材的起始位置，所以我们选择"向前跟踪所选蒙版" ▶ ，软件会根据主体物的位置、大小和旋转变化，自动移动蒙版位置，调整蒙版的形状与旋转方向，并添加关键帧，如图 5-63 所示。

图 5-63　向前自动跟踪所选蒙版

步骤 11　跟踪完成后，局部模糊的效果就基本制作完成了。我们可以播放观看效果，需要说明的是，虽然软件是自动跟踪，但并不能保证百分之百与物体运动路径相匹配，有可能遇到识别失误的地方，这就需要我们手动检查并进行蒙版位置、路径关键帧的调整。检查无误后，局部动态模糊就制作完成了。

步骤 12　抠像可以任意地更换纯色背景，这就是我们在影视作品中经常看到的奇幻背景或惊险镜头的制作方法。下面我们利用"键控"来制作一个简单的抠像效果。根据素材的层次关系，我们首先将素材"花朵 2.mp4"作为背景放在时间轴 V1 轨道上，将要添加的"天空.jpg"放在 V2 轨道上，并将图片素材"天空.jpg"拉至与视频素材"花朵 2.mp4"一致长度，如图 5-64 所示。

图 5-64　添加抠像素材到时间轴轨道

步骤 13　在"效果"面板中,选择"视频效果"|"键控"|"超级键",如图 5-65 所示。将"超级键"拖曳到 V2 轨道"天空.jpg"素材上。在"效果控件"面板,运用"主要颜色"属性后面的"吸管工具",吸取素材天空的蓝色(想抠掉的颜色)。"设置"属性选择"强效",此时从"节目监视器"面板可以看到蓝色天空已经被抠掉,显露出背景的花朵视频,如图 5-66 所示。

图 5-65　"超级键"效果

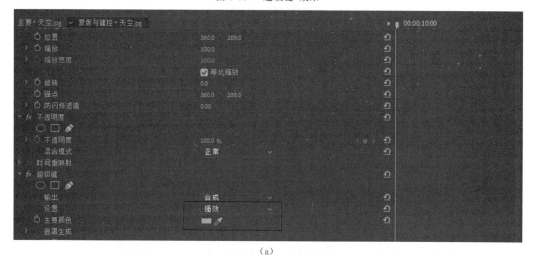

(a)

(b)

图 5-66　"超级键"选项调整

步骤 14　在"效果控件"面板,调整"天空"素材(V2 轨道)的位置和大小,让两段素材可以更好地融合在一起,如图 5-67 所示。

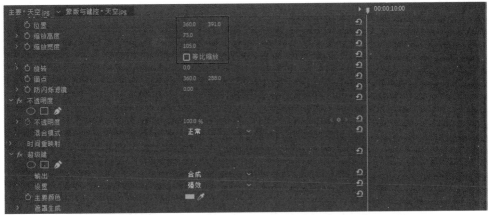

图 5-67　调整"天空"素材的"运动"选项

步骤 15　为了让"天空"素材里的建筑物看起来更立体,我们可以加入浮雕效果。在"效果"面板中,选择"视频效果"|"风格化"|"彩色浮雕",如图 5-68 所示,将"彩色浮雕"拖曳到"天空"素材(V2 轨道)上。在"效果控件"面板中,更改"彩色浮雕"里的"方向"和"起伏"属性的数值为"49.0°"和"1.90",如图 5-69 所示。简单的抠像融合效果就制作完成了。

图 5-68　"彩色浮雕"效果

图 5-69　"彩色浮雕"选项调整

步骤 16　最后我们采用遮罩来制作一个片尾镂空字幕。将素材"花朵 3.mp4"拖曳到时间轴 V1 轨道上,执行"文件"|"新建"|"旧版标题"命令,命名为"片尾字",单击"确定"按钮。然后输入"谢谢观赏","字体"设置为黑体,"字体大小"参数调整为"119.0","X 位置"参数调整为"396.0","Y 位置"参数调整为"245.0",字体填充色为标准白色,设置完成后关闭面板,如图 5-70 所示。

图 5-70　制作片尾字幕

步骤 17　采取右对齐的方式，将"片尾字"拖曳到时间轴 V2 轨道上，使其结束的位置与视频"花朵 3"素材结束的位置对齐，如图 5-71 所示。

步骤 18　在"效果"面板中，选择"视频效果"|"键控"|"轨道遮罩键"，如图 5-72 所示，将"轨道遮罩键"拖曳到"花朵 3"素材(V1 轨道)上。在"效果控件"面板，"遮罩"选择"视频 2"，此时"节目监视器"面板镂空字幕就制作完成了，如图 5-73 所示。

图 5-71　添加片尾字幕到 V2 轨道　　　　　图 5-72　"轨道遮罩键"效果

(a)

图 5-73　"轨道遮罩键"选项调整

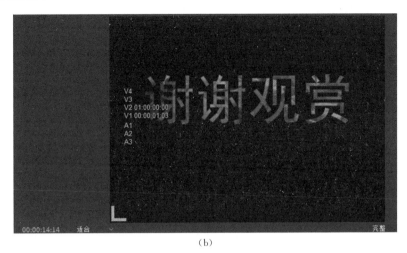

（b）

续图 5-73 "轨道遮罩键"选项调整

步骤 19 蒙版与键控效果制作完成后,可以播放检查一遍,确认无误后保存项目,导出成品视频作品即可。

5.3 功能工具

5.3.1 相关基础

在影视作品中,一般都离不开特效的应用与制作。使用视频效果的目的是使作品产生更加丰富多彩的视觉效果,增加画面冲击力,更好地突出作品的主题和情感,从而达到后期制作的目的和意义。

视频特效能够改变素材的颜色和曝光量、修补原始素材的缺陷,可以抠像和叠加画面、变换和扭曲图像,还可以为作品添加粒子和光照等各种艺术效果,它是设计者为视频作品添加艺术效果的重要手段。用户可以根据需要为作品添加各种视频特效,同一个特效可以同时应用到多个素材上,在一个素材上也可以添加多个视频特效。在为素材添加视频特效之前,应首先打开"效果"面板,在"视频特效"栏中选择需要的效果,并将其拖曳到"时间线"面板中某段视频素材上,有些特效还需要进行参数的设置。

1.查找并添加视频特效

Adobe Premiere Pro CC 2019 中提供了 120 多种视频特效,按类别分别放在 18 个文件夹中,方便用户按类别寻找到所需运用的效果,如图 5-74 所示。如果知道想调用效果的名称,我们也可以直接搜索该效果,然后软件会自动过滤并查找到所需要的效果。找到所需要的效果后直接用鼠标左键将其拖曳到时间轴想添加特效的素材上即可。

2.设置视频效果参数

选择已经添加视频效果的视频素材文件,在"效果控件"面板中即可对视频效果的参数进行设置,设置的参数不同,在"节目监视器"面板中显示的效果就不同,我们可以根据画面效果修改参数。

3.清除视频特效

清除视频特效时,首先在时间轴上选中要清除特效的素材,然后在"效果控件"面板中选中要删除的效果,单击鼠标右键,选择"消除"命令执行删除操作。

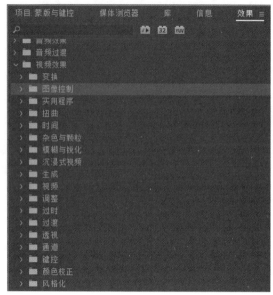

图 5-74 "视频效果"下拉菜单

4.复制视频特效

在"效果控件"面板中,选中视频特效,单击鼠标右键,可以复制、粘贴一个或多个效果。

5.设置视频特效随时间变化

在素材上应用了视频特效,可以通过时间的变化来改变视频画面。这个操作基础就是设置视频的关键帧。当创建了一个关键帧时,可以指定某个效果在一个确切时间点上的属性值。当多个关键帧被赋予了不同的属性值之后,软件就会自动地计算出关键帧之间的属性值,即进行"插补"处理,这时特效就会随着时间的变化而发生相应的属性改变。

6.设置视频效果预设

用户除了直接为素材添加内置的特效外,还可以使用系统自带的并且已经设置好各项参数的预设效果或预设颜色校正,预设特效被存放在"效果"面板的"预设"文件夹中,预设颜色校正存放在"效果"面板的"Lumetri 预设"文件夹中,如图 5-75 所示。

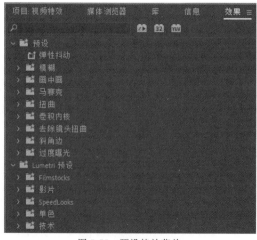

图 5-75 预设特效菜单

5.3.2 视频效果介绍

1.变换

"变换"类视频效果可以使视频画面产生二维或三维的形状变化,包括垂直翻转、水平翻转、羽化边缘、裁剪四种效果,选择"效果"面板中的"视频效果"|"变换",如图 5-76 所示。

图 5-76 "变换"类视频效果

(1)垂直翻转:该效果没有任何参数,运用该效果可以将画面沿中心翻转180°。应用该效果前后的对比如图 5-77 所示。我们也可以运用蒙版让其中某个部分发生垂直翻转。

(a)应用前　　　　　　　　　　　　　　(b)应用后

图 5-77 垂直翻转前后对比

(2)水平翻转:该效果没有任何参数,运用该效果可以将画面沿垂直中心翻转,应用该效果前后的对比如图 5-78 所示。

(a)应用前　　　　　　　　　　　　　　(b)应用后

图 5-78 水平翻转前后对比

(3)羽化边缘:该效果可以对素材边缘进行羽化处理,其中"数量"表示设置边缘羽化的程度。如图 5-79 所示为设置"数量"为 0 和 100 时的效果对比。

 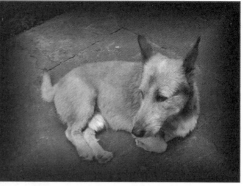

(a)"数量"为 0 的效果　　　　　　　　　　(b)"数量"为 100 的效果

图 5-79　羽化边缘"数量"为 0 和 100 时的对比

（4）裁剪：该特效可以通过设置素材四周的参数对素材进行剪裁。

①左侧：设置左边边线的剪裁程度。

②顶部：设置顶部边线的剪裁程度。

③右侧：设置右边边线的剪裁程度。

④底部：设置底部边线的剪裁程度。

如图 5-80 所示，参数调节"顶部"和"底部"为 0，"顶部"和"底部"为 13 的对比效果。

(a)"顶部"和"底部"为 0 的效果　　　　　　(b)"顶部"和"底部"为 13 的效果

图 5-80　裁剪"顶部"和"底部"为 0 和 13 时的对比

⑤缩放：选中该复选框时，在剪裁的同时对素材进行缩放至全屏。

⑥羽化边缘：对素材边缘进行羽化处理。

2.图像控制

"图像控制"类视频效果主要用于控制图像进行色调调整，包含灰度系数校正、颜色平衡（RGB）、颜色替换、颜色过滤和黑白五种效果。选择"效果"面板中的"视频效果"|"图像控制"，如图 5-81 所示。

普通作品
的调色

∨ 📁 图像控制
　　□ 灰度系数校正
　　□ 颜色平衡 (RGB)
　　□ 颜色替换
　　□ 颜色过滤
　　□ 黑白

图 5-81　"图像控制"类视频效果

（1）灰度系数校正：该效果可以通过调整"灰度系数"参数的数值，实现在不改变图像高亮区域和低暗区域的情况下，让图像变得更明亮或更暗。

（2）颜色平衡（RGB）：该效果可以通过对图像中的红色、绿色和蓝色通道的调整来改变图像色彩。

①红色：用来调整图像中红色通道所占的比例。数值越大，红色越深。

②绿色：用来调整图像中绿色通道所占的比例。数值越大，绿色越深。

③蓝色：用来调整图像中蓝色通道所占的比例。数值越大，蓝色越深。

（3）颜色替换：该效果可以在保持灰度不变的情况下，用一种新的颜色代替选中的色彩以及与之相似的色彩。

①相似性：设置颜色的容差值，值越大颜色的范围也就越大。

②纯色：勾选该复选框，替换后的颜色将以纯色显示。

③目标颜色：用来设置要进行替换的颜色，也可以用"吸管工具"从"节目监视器"面板中单击吸取。

④替换颜色：设置替换的颜色，可以单击颜色块修改，也可以用"吸管工具"从"节目监视器"面板中单击吸取。

（4）颜色过滤：运用该效果，通过调整"相似性"参数的数值，可以将图像中没有被选中的颜色范围变为灰度色，指定的或者吸管选中的色彩范围保持不变，达到突出素材某个特殊区域的目的。选中"反相"框，则是指定的或者吸管选中的色彩范围变为灰度色，没有被选中的颜色范围保持不变。

（5）黑白：该效果没有可调整的参数，运用该效果可以将彩色图像转换成黑白图像。

3.实用程序

"实用程序"类视频效果主要用于设置素材颜色的输入与输出。该组效果中只有"Cineon 转换器"。

Cineon 转换器：运用该效果可以使素材的色调进行对数、线性之间转换，以达到不同的色调效果。其参数面板如图 5-82 所示。

图 5-82 "Cineon 转换器"参数面板

（1）转换类型：设置色调的转换方式，包括线性到对数、对数到线性、对数到对数三种方式。

（2）10 位黑场：设置 10 位黑点数值。

（3）内部黑场：设置内部黑点的数值。

（4）10 位白场：设置 10 位白点数值。

（5）内部白场：设置内部白点的数值。

（6）灰度系数：调整素材的灰度级数。

（7）高光滤除：指定输出值校正高亮区域的亮度。

4.扭曲

"扭曲"类视频效果主要用于对图像进行几何变形，此类效果包含偏移、变形稳定器、变换

等 12 种效果。选择"效果"面板中的"视频效果"|"扭曲",如图 5-83 所示。

制作大旋转
转场效果

图 5-83 "扭曲"类视频效果

(1)偏移:运用该效果,可以根据设置的偏移中心位置对图像进行任意位置的偏移,并通过调整"与原始图像混合"的数值进行显示。

(2)变形稳定器:该效果可有效修复抖动的画面,使画面运动效果更加稳定。在对视频素材添加该效果后,会在后台立即开始分析剪辑。当分析开始时,"节目监视器"面板中会显示"在后台分析",说明正在对视频进行分析。当分析完成时,"节目监视器"面板中会显示"正在稳定化",效果如图 5-84 所示。其参数面板如图 5-85 所示。

(a)在后台分析   (b)正在稳定化

图 5-84 "变形稳定器"使用效果

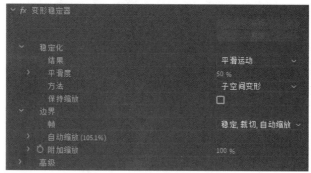

图 5-85 "变形稳定器"参数面板

①稳定化:单击该选项将会再次开始剪辑稳定化过程。其结果包含"平滑运动"和"不运动"两种效果。平滑度:用来控制摄像机移动的平滑程度。方法:包括"位置"、"位置,缩放"、"旋转"、"透视"和"子空间变形"。保持缩放:选中该复选框可以保持缩放。

②边界:对于大于所选序列帧大小的剪辑,在序列帧的边界内不可见的部分将被裁剪。自动缩放:调节其数值,素材文件会在后期自动调节缩放。附加缩放:调节缩放百分比,素材文件

会等比例缩放。

③高级：包含一些对素材文件的高级设置。

（3）变换：该效果可以对素材进行二维几何转换，运用该特效可以沿任何轴向使素材歪斜，其参数面板如图 5-86 所示。

制作弹性抖动
转场效果

图 5-86 "变换"参数面板

①锚点：设置图像的定位点中心坐标。

②位置：设置图像的位置中心坐标。

③等比缩放：选中该复选框，图像将进行等比例缩放。

④缩放：设置图像的缩放比例。

⑤倾斜：设置图像的倾斜度。

⑥倾斜轴：控制倾斜的轴向。

⑦旋转：控制素材旋转的度数。

⑧不透明度：控制图像的透明程度。

⑨使用合成的快门角度：选中该复选框，在运动模糊中使用混合图像的快门角度。

⑩快门角度：控制运动模糊的快门角度。

⑪采样：设置采样的方式。

（4）放大：该效果可以将图像局部呈圆形或正方形放大，并对放大的部分进行"羽化""不透明度"等参数设置。其参数面板如图 5-87 所示。

图 5-87 "放大"参数面板

①形状：放大区域的形状，包含有"圆形""正方形"两种。

②中央：放大区域的中心点位置。

③放大率：调整放大镜倍数。

④链接：设置放大镜与放大倍数的关系。

⑤大小：以像素为单位放大区域的半径。

⑥羽化:设置放大镜的边缘模糊程度。

⑦不透明度:设置放大镜的透明程度。

⑧缩放:选择缩放图像的类型。

⑨混合模式:混合模式的选择,会结合原有的图像以不同的方式放大区域。

⑩调整图层大小:如果选中该复选框,放大区域可能超出原剪辑的边界。

(5)旋转扭曲:该效果可以使素材沿指定中心旋转变形。

①角度:设置素材旋转的角度。

②旋转扭曲半径:控制素材旋转的半径值。

③旋转扭曲中心:控制素材旋转的中心点坐标位置。

(6)果冻效应修复:该效果可以对视频素材的场序类型进行更改,以得到需要的匹配效果,或降低隔行扫描视频素材的画面闪烁。其参数面板如图 5-88 所示。

图 5-88 "果冻效应修复"参数面板

①果冻效应比率:指定帧速率(扫描时间)的百分比。数码单反相机一般在 50%～70% 范围内,iPhone 接近 100%。调整"果冻效应比率",直至扭曲的线变为竖直。

②扫描方向:指定发生果冻效应扫描的方向。大多数摄像机从顶部到底部扫描传感器。对于智能手机,可颠倒或旋转式操作摄像机,这样可能需要不同的扫描方向。

③高级:包括方法、详细分析和像素运动细节。

• 方法:指示是否使用光流分析或像素运动,来重定因延迟生成的变形帧(像素运动)。

• 详细分析:选中该复选框,则在变形中执行更为详细的点分析。

• 像素运动细节:指定光流矢量场计算的详细程度,在选择"像素运动"方法时可用。

(7)波形变形:该效果可以使素材变形为波浪的形状,通过调整属性参数可以对波纹的形状、方向及宽度等进行详细的设置。

(8)湍流置换:该效果可以对素材图像进行多种方式的扭曲变形。其参数面板如图 5-89 所示。

制作文字
消散粒子效果

图 5-89 "湍流置换"参数面板

①置换:可选择不同的置换变形命令。

②数量:控制变形扭曲的数量。

③大小:控制变形扭曲的大小程度。

④偏移(湍流):控制动荡变形的坐标位置。

⑤复杂度:控制动荡变形的复杂程度。

⑥演化:控制变形的成长程度。

⑦演化选项:提供的控件用于在一个短周期内渲染效果,然后在剪辑的持续时间内进行循环。循环演化:勾选该复选框,创建一个迫使演化状态返回到起点的循环。循环(旋转次数):反复播放整个剪辑或序列的次数。随即植入:使用新的"随机植入"值可以在不干扰演化动画的情况下改变杂色图案。

⑧固定:可选择不同的固定方式。如选择"固定到剪辑"选项时,仅显示位于剪辑入点和出点之间的时间轴。

⑨调整图层大小:选中该复选框,放大区域可以扩展到原始剪辑的边界之外。

⑩消除锯齿最佳品质:可选择图形的抗锯齿质量为"底"还是"高"。

(9)球面化:该效果可以在素材图像中制作出球面变形的效果,类似于用鱼眼镜头拍摄的照片效果,可赋予物体和文字三维效果。通过调整属性参数可以对球面中心和半径进行设置。

(10)边角定位:该效果可以通过参数设置重新定位图像的四个顶点位置,从而得到对图像扭曲变形的效果。运用该效果将画面与手机屏的匹配效果如图 5-90 所示。

制作照片
墙效果

　　(a)　　　　　　(b)　　　　　　(c)

图 5-90　"变角定位"使用前后对比

(11)镜像:该效果可以将图像沿指定角度的射线进行反射,制作出镜像的效果。反射角度决定哪一边被反射到什么位置,可以随时改变镜像轴线和角度。

(12)镜头扭曲:该效果可以将图像四角进行弯折,制作出镜头扭曲的效果。其参数面板如图 5-91 所示。

制作水中
倒影效果

图 5-91　"镜头扭曲"参数面板

①曲率:设置透镜的弯度。

②垂直偏移/水平偏移:图像在垂直/水平方向上偏离透镜原点的程度。

③垂直棱镜效果/水平棱镜效果:图像在垂直/水平方向上的扭曲程度。

④填充 Alpha:选中该复选框,将填充图像的 Alpha 通道。

⑤填充颜色:图像偏移过度时背景呈现的颜色。

5.时间

"时间"类视频效果用于对动态素材的时间特性进行控制,是模仿时间差值而得到的一些特殊的视频效果,包括残影、色调分离时间两种效果。选择"效果"面板中的"视频效果"|"时间",如图 5-92 所示。

图 5-92 "时间"类视频效果

(1)残影:该效果可以将动态素材中不同时间的多个帧进行同时播放,产生动态残影效果。其参数面板如图 5-93 所示。

制作重影效果

图 5-93 "残影"参数面板

①残影时间(秒):设置延时图像的产生时间,以秒为单位。

②残影数量:设置重影的数量。

③起始强度:设置延续画面开始强度数值。

④衰减:设置延续画面的衰减情况。

⑤残影运算符:选择运算时的模式,包含"相加""最大值"等多种混合模式。

(2)色调分离时间:该特效可以为动态素材指定一个新的帧速率进行播放,产生"跳帧"的效果。与修改素材剪辑的持续时间不同,使用此特效不会更改素材剪辑的持续时间,也不会产生快放或慢放效果。该特效只有一项"帧速率"参数,新指定的帧速率高于素材剪辑本身的帧速率时无变化;新指定的帧速率低于素材剪辑的帧速率时,程序会自动计算出要播放的下一帧的位置,跳过中间的一些帧,以保证用与素材原本相同的持续时间播放完整段素材剪辑,同时对素材剪辑的音频内容不产生影响。

6.杂色与颗粒

"杂色与颗粒"类视频效果主要用于对图像进行柔和处理,去除图像中的噪点,或在图像上添加噪点或杂色效果等。选择"效果"面板中的"视频效果"|"杂色与颗粒",如图 5-94 所示。

制作
老电影效果

图 5-94 "杂色与颗粒"类视频效果

(1)中间值(旧版):该效果可以将图像的每一个像素都用它周围像素的 RGB 平均值来代替,以减轻图像上的杂色噪点。设置较大的"半径"数值,可以使图像产生类似水粉画的效果。如图 5-95 所示,是"半径"为 0 和 20 产生的对比效果。

（a）"半径"为 0 的效果　　　　　　　　　　（b）"半径"为 20 的效果

图 5-95　中间值"半径"为 0 和 20 的效果对比

（2）杂色：该效果可以在画面中添加模拟的噪点效果，类似雪花的效果分布在屏幕上，布满细小的噪点，使图像看起来就像被弄脏了一样。

（3）杂色 Alpha：该效果用于在图像的 Alpha 通道中生成杂色，其参数面板如图 5-96 所示。

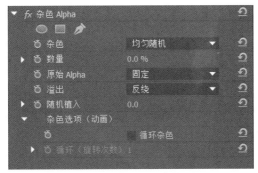

图 5-96　"杂色 Alpha"参数面板

①杂色：设置噪波的类型。

②数量：设置噪波的数量。值越大，噪波的数量越多。

③原始 Alpha：设置噪波与原始 Alpha 通道的混合模式。

④溢出：设置素材中颗粒溢出后所采取的处理方式。

⑤随机植入：设置颗粒的随机状态。

⑥杂色选项（动画）：勾选"循环杂波"复选框，可以启动循环动画选项，并通过循环选项来设置循环的次数。

（4）杂色 HLS：该效果可以在图像中生成杂色效果后，对杂色噪点的亮度、色调及饱和度进行设置。

（5）杂色 HLS 自动：该特效与"杂色 HLS"相似，只是在设置参数中多了一个"杂色动画速度"选项，通过为该选项设置不同数值，可以得到不同杂色噪点以不同速度运动的动画效果。

（6）蒙尘与划痕：该效果可以为图像制作类似灰尘和划痕的效果。其参数面板如图 5-97 所示。

图 5-97　"蒙尘与划痕"参数面板

①半径：设置蒙尘和划痕颗粒的半径值。

②阈值:设置灰尘和划痕颗粒的色调容差值,值越大模糊效果越明显。

③在 Alpha 通道上运算:勾选该复选框,将该效果应用在 Alpha 通道上。

7.模糊与锐化

"模糊与锐化"类视频效果可以使得图像模糊或者清晰化。其原理都是对图像的相邻像素进行计算,从而产生相应的效果。选择"效果"面板中的"视频效果"|"模糊与锐化",如图 5-98 所示。

图 5-98 "模糊与锐化"类视频效果

(1)减少交错闪烁:该效果可以减少因隔行扫描素材而带来的交错闪烁的问题。

(2)复合模糊:该效果可以使素材图像产生柔和模糊的效果。在"模糊图层"中,可以选择将其他视频轨道中的图形内容作为模糊的范围。

(3)方向模糊:该效果可以使图像产生指定方向的模糊,类似运动模糊的效果。

(4)相机模糊:该效果可以使图像产生类似相机拍摄时没有对准焦距的"虚焦"效果,通过设置其唯一的"百分比模糊"参数来控制模糊的程度。

(5)通道模糊:该效果可以对素材图像的红、绿、蓝或 Alpha 通道单独进行模糊,还可以指定模糊的方向是水平、垂直或双向。

(6)钝化蒙版:该效果可以将图片中模糊的地方变亮,减小定义边缘的颜色之间的对比。

(7)锐化:该效果可以通过设置"锐化量"参数,增强相邻像素间的对比度,使图像变得清晰。

(8)高斯模糊:该效果可以模糊和柔化图像并能消除噪波,可以指定模糊的方向为水平、垂直或双向。

8.沉浸式视频

"沉浸式视频"类视频效果相对于普通的视频效果,它们运用在 VR 视频剪辑上会有更好的效果。选择"效果"面板中的"视频效果"|"沉浸式视频",如图 5-99 所示。其每种效果都描述得很清晰,故不再一一展开讲解。

图 5-99 "沉浸式视频"类视频效果

9.生成

"生成"类视频效果主要是对光和填充色的处理应用,此类特效可以使画面看起来具有光感和动感。选择"效果"面板中的"视频效果"|"生成",如图 5-100 所示。

图 5-100　"生成"类视频效果

（1）书写：该效果可以在图像上创建画笔运动的关键帧动画，并记录其运动路径，模拟出书写绘画效果。其参数面板如图 5-101 所示。

制作
手写字效果

图 5-101　"书写"参数面板

①画笔位置：用来设置画笔的位置，通过在不同时间段设置关键帧修改位置，可以制作出书写动画效果。

②颜色：用来设置画笔的绘画颜色。

③画笔大小：用来设置画笔的笔触粗细。

④画笔硬度：用来设置画笔笔触的柔化程度。

⑤画笔不透明度：用来设置画笔绘制时的颜色不透明度。

⑥描边长度（秒）：用来设置笔触在素材上停留的时长。

⑦画笔间隔（秒）：用来设置画笔笔触间的时间间隔。

⑧绘制时间属性：设置绘制笔触间的色彩属性，包括颜色、不透明度等，在绘制时是否将其应用到每个关键帧或整个动画中。

⑨画笔时间属性：用来设置笔触间的硬度模式。

⑩绘制样式：设置笔触与原素材的混合模式。"在原始图像上"表示笔触直接在原图像上进行书写；"在透明背景上"将在黑色背景上进行书写；"显示原始图像"将以类似蒙版的形式显示背景图像。

（2）单元格图案：该效果可以在图像上模拟生成不规则的单元格效果，通过调节其参数控制静态或动态的背景纹理和图案。在"单元格图案"下拉列表中选择要生成单元格的图案样式，包含"气泡""晶体""印板""静态板""晶格化""枕状""晶体 HQ"等 12 种图案模式。

（3）吸管填充：该效果可以提取采样坐标点的颜色来填充整个画面，通过设置与原始图像的混合度得到整体画面的偏色效果。

（4）四色渐变：该效果可以设置四种互相渐变的颜色，在素材上通过调节透明度和叠加的

方式来填充图像。

(5)圆形:该效果可以为图像添加一个圆形或圆环图案,通过设置它的混合模式来形成素材轨道之间的区域混合效果。其参数面板如图 5-102 所示。

图 5-102 "圆形"参数面板

①中心:设置圆形的中心点坐标位置。

②半径:设置圆形的半径大小。

③边缘:可从右侧的菜单中选择一种边缘效果,制作出环形图案。未使用:当"边缘"下面显现"未使用",说明"边缘"类型为"无"。

④羽化:设置边缘的柔化程度。

⑤反转圆形:勾选该复选框,反转圆形在素材中的区域。

⑥颜色:设置圆形颜色,可以单击颜色块或用吸管来修改。

⑦不透明度:设置圆形的不透明度。

⑧混合模式:设置圆形与原图像间的混合模式。

(6)棋盘:该效果可以在图像上创建一种棋盘格的图案效果。

(7)椭圆:该效果可以在图像上创建一个椭圆形的光圈图案效果。

(8)油漆桶:该效果可以模拟油漆桶填充,将图像上指定区域的颜色替换成另外一种颜色。

(9)渐变:该效果可以在图像上叠加一个双色渐变填充的蒙版,可以创建线性或放射状渐变,并可以随着时间改变渐变的位置和颜色。

(10)网格:该效果可以为图像添加自定义的网格效果,可以为网格的边缘调节大小和进行羽化,作为一个可调节透明度的蒙版用于源素材上。此特效有利于设计图案,还有其他的实用效果。

(11)镜头光晕:该效果可以在图像上模拟出相机镜头拍摄的强光折射效果。其参数面板如图 5-103 所示。

制作
镜头光晕效果

图 5-103 "镜头光晕"参数面板

①光晕中心:设置光晕中心的坐标点位置。

②光晕亮度:调整镜头光晕的亮度。

③镜头类型:选择模拟的镜头类型,有三种透镜焦距:"50－300 毫米变焦"是产生光晕并模仿太阳光的效果;"35 毫米定焦"是只产生强烈的光,没有光晕;"105 毫米定焦"是产生比前一种镜头稍冷的光。

④与原始图像混合:设置镜头光晕效果与原图像间的混合比例,值越大越接近原图。

(12)闪电:该效果可以在图像上产生类似闪电或电火花的光电效果。其参数面板如图 5-104 所示。

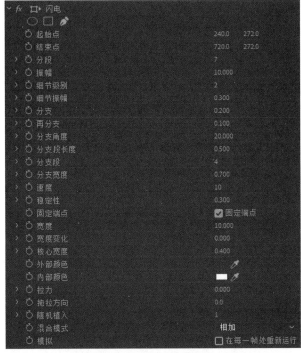

图 5-104 "闪电"参数面板

①起始点/结束点:设置闪电起始发散/结果的坐标位置。

②分段:设置闪电主干上的分段数。分段数的多少和闪电的曲折成正比。

③振幅:设置闪电的分布范围。振幅越大,分布范围越广。

④细节级别:设置闪电的粗细。值越大,越粗。

⑤细节振幅:设置闪电在每个段上的复杂度。

⑥分支:设置主干上的分支数量。

⑦再分支:设置分支上的再分支数量。

⑧分支角度:设置闪电分支的角度。

⑨分支段长度:设置闪电各分支的长度。

⑩分支段:设置闪电分支的线段数。

⑪分支宽度:设置闪电分支的粗细。

⑫速度:设置闪电变化的速度。

⑬稳定性:设置闪电稳定的程度。

⑭固定端点:选中该复选框时,闪电的结束点固定在某一坐标上。取消选中该复选框时,闪电产生随机摇摆。

⑮宽度:设置主干和分支的整体的粗细。

⑯宽度变化:设置闪电的粗细的宽度随机变化。

⑰核心宽度:设置闪电的中心宽度。

⑱外部颜色:设置闪电的外边缘的发光颜色。

⑲内部颜色:设置闪电的内部的填充颜色。

⑳拉力:设置闪电的推拉力的强度。

㉑拖拉方向:设置闪电的拉力方向。

㉒随机植入:设置闪电的随机变化。

㉓混合模式:设置闪电特效和原素材的混合模式。

㉔模拟:设置闪电的变化。

10.视频

"视频"类视频效果用于在合成序列中显示出素材剪辑的名称、时间码等信息。选择"效果"面板中的"视频效果"|"视频",如图 5-105 所示。

图 5-105　"视频"类视频效果

(1)SDR 遵从情况:将 HDR(高动态范围图像)媒体转换为 SDR(标准动态范围图像)时使用本效果,可调亮度、对比度、软阈值等参数。

(2)剪辑名称:在素材剪辑上添加该效果后,"节目监视器"面板中播放到该素材剪辑时,将在其画面中显示出该素材剪辑的名称。其参数面板如图 5-106 所示。

图 5-106　"剪辑名称"参数面板

①位置:调整剪辑名称的水平和垂直位置。

②对齐方式:可以选择左、中和右三种方式。

③大小:指定显示文字的大小。

④不透明度:指定剪辑名称背景的不透明度。

⑤显示:指定是显示序列剪辑名称,还是显示项目剪辑名称或剪辑文件名。

⑥源轨道:如果已禁用源轨道指示器,则滑动该指示器可将其启用。

(3)时间码:在素材剪辑上添加该效果后,可以在该素材剪辑的画面上,以时间码的方式显示出该素材剪辑当前播放到的时间位置。

(4)简单文本:该效果可以在画面上实时显示人为输入的简单文本内容。

11.调整

"调整"类视频效果主要用于对图像的颜色进行调整,修正图像中存在的颜色缺陷,或者增强某些特殊效果。选择"效果"面板中的"视频效果"|"调整",如图 5-107 所示。

图 5-107　"调整"类视频效果

(1)ProcAmp:该效果可以同时对图像的亮度、对比度、色相、饱和度进行调整,并可以设置只在图像中的部分范围应用效果,生成图像调整的对比效果。

（2）光照效果：该效果可以在图像上添加灯光照射的效果，通过对灯光的类型、数量、光照强度等进行设置，模拟逼真的灯光效果，其参数面板如图 5-108 所示。

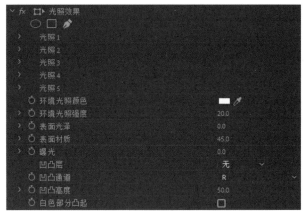

图 5-108　"光照效果"参数面板

①光照 1：添加灯光效果。同样光照 2、3、4、5 也是添加灯光效果，即同时可添加多盏灯光。灯效参数设置均相同，包括光照类型：可选择的灯光类型；光照颜色：可调整灯光的颜色；中央：调整灯光的中心点坐标位置；主要半径：控制主光的半径值；次要半径：控制辅助光的半径值；角度：可调整灯光的角度；强度：控制灯光的强弱程度；聚焦：控制灯光边缘的羽化程度。

②环境光照颜色：可调整周围环境的颜色。

③环境光照强度：控制周围环境光的强弱程度。

④表面光泽：控制表面的光泽强度。

⑤表面材质：设置表面的材质效果。

⑥曝光：控制灯光的曝光大小。

⑦凹凸层：设置产生浮雕的轨道。

⑧凹凸通道：设置产生浮雕的通道。

⑨凹凸高度：控制浮雕的大小。

⑩白色部分凸起：反转浮雕的方向。

（3）卷积内核：该效果可以根据特定的数学公式对素材进行处理，改变素材中每个亮度级别的像素的明暗度，其参数面板如图 5-109 所示。

图 5-109　"卷积内核"参数面板

①M11/M12/M13：1 级调节素材像素的明暗、对比度。

②M21/M22/M23：2 级调节素材像素的明暗、对比度。

③M31/M32/M33：3 级调节素材像素的明暗、对比度。

④偏移：控制混合的偏移程度。

⑤缩放：控制混合的对比比例程度。

⑥处理 Alpha：选中该复选框，素材的 Alpha 通道也被计算在内。

（4）提取：该效果可以在视频素材中提取颜色，生成一个有纹理的灰度蒙版，通过定义灰度级别来控制应用的效果。

（5）色阶：该效果可以将亮度、对比度、色彩平衡等功能相结合，对图像进行明度、阴暗层次和中间色的调整、保存和载入设置等。其参数面板如图 5-110 所示。

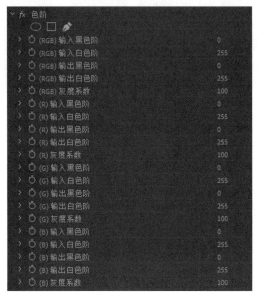

图 5-110 "色阶"参数面板

①输入黑色阶：控制图像中黑色的比例。

②输入白色阶：控制图像中白色的比例。

③输出黑色阶：控制图像中黑色的亮度。

④输出白色阶：控制图像中白色的亮度。

⑤灰度系数：控制灰度级。

12.过时

"过时"类视频效果主要用于对剪辑视频进行专业质量的颜色分级和颜色校正，大多数效果都来自旧版 Premiere，且都可以用"Lumetri 颜色"面板等来实现，故放在"过时"效果组中。选择"效果"面板中的"视频效果"|"过时"，如图 5-111 所示。

图 5-111 "过时"类视频效果

（1）RGB 曲线：该效果针对每个颜色通道使用曲线来调整剪辑的颜色。主曲线控制亮度，线条的右上角区域代表高光，左下角区域代表阴影。调整主曲线的同时会调整所有 RGB 通道的值。制作者还可以选择性地仅针对红色、绿色或蓝色通道中的一个进行调整。要调整不同的色调区域，请直接向曲线添加控制点。在曲线上直接单击控制点，然后拖曳控制点来调整色调区域。向上或向下拖动控制点，可以使要调整的色调区域变亮或变暗；向左或向右拖动控制点可增加或减小对比度。

（2）RGB 颜色校正器：该效果可以调整应用于为高光、中间调和阴影定义的色调范围，从而调整剪辑中的颜色。其参数面板如图 5-112 所示。

图 5-112　"RGB 颜色校正器"参数面板

①输出：允许在"节目监视器"面板中查看调整的最终结果（复合）、色调值调整（亮度）或阴影、中间调和高光的三色调表示（色调范围）。

②布局：确定拆分视图图像是并排（水平）还是上下（垂直）布局。

③拆分视图百分比：调整校正视图的大小。默认值为 50.00％。

④色调范围定义：定义剪辑中的阴影、中间调和高光的色调范围。滑动方形滑块可调整阈值。滑动三角形滑块可调整柔和度（羽化）的程度。

⑤色调范围：选择通过"主"（主色调）、"高光"、"中间调"或"阴影"来调整的色调范围。

⑥灰度系数：调整灰度系数值以使颜色成为中性。

⑦基值：从 Alpha 通道中滤出通常由粒状或低光素材所引起的杂色。

⑧增益：使用"增益"控制器，可调节音频轨道混合器中的衰减。

⑨RGB：又称为加成色，因为将 R、G 和 B 混合在一起可产生白色。其参数包括红色灰度系数/绿色灰度系数/蓝色灰度系数：在不影响黑白色阶的情况下调整红色、绿色或蓝色通道的中间调值；红色基值/绿色基值/蓝色基值：通过将固定的偏移添加到通道的像素值中来调整红色、绿色或蓝色通道的色调值；红色增益/绿色增益/蓝色增益：通过乘法调整红色、绿色或蓝色通道的亮度值，使较亮的像素受到的影响大于较暗的像素受到的影响。

⑩辅助颜色校正：指定要校正的颜色范围，可以进一步精细调整。其参数包括显示蒙版：蒙版扩展导线在节目监视器上显示为实心蓝线，可帮助精确扩展或收缩蒙版区域；中央：可以添加或减少颜色；色相/饱和度/亮度：根据三属性来指定要校正的颜色范围；柔化：使指定区域的边界模糊，从而使校正更好地与原始图像混合，数值越大柔和度越大；边缘细化：使指定区域有更清晰的边界，校正显得更明显。数值越高指定区域的边缘越清晰；反转：使用"辅助颜色校正"设置指定的颜色范围除外，校正剩余所有颜色。

（3）三向颜色校正器：该效果可以针对阴影、中间调和高光调整素材的色相、饱和度和亮度，从而进行颜色的精细校正。

項目实践教程

(4)亮度曲线:该效果使用曲线调整,来调整素材的亮度和对比度。

(5)亮度校正器:该效果可用于调整剪辑高光、中间调和阴影中的亮度和对比度。

(6)快速模糊:该效果可以简便快速地让素材实现水平、垂直或综合方向上的模糊效果。

(7)快速颜色校正器:该效果用于对图像的快速色彩校正,使用色相和饱和度控件来调整剪辑的颜色。此效果也有色阶控件,用于调整图像阴影、中间调和高光的强度。其参数面板如图 5-113 所示。

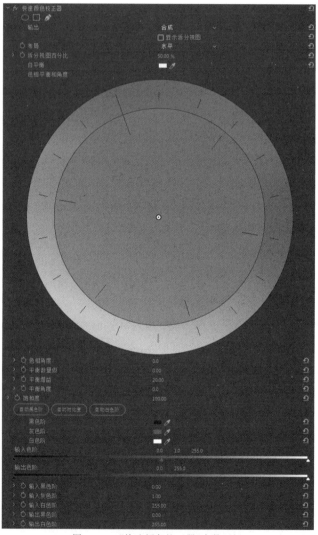

图 5-113　"快速颜色校正器"参数面板

①输出:允许在"节目监视器"面板中查看调整的最终结果(合成)、色调值调整(亮度)或阴影、中间调和高光的三色调表示(色调范围)。

②布局:确定拆分视图图像是并排(水平)还是上下(垂直)布局。

③拆分视图百分比:选中"显示拆分视图"复选框后可调整校正视图的大小。默认值为50.00%。

④白平衡:将白平衡分配给素材。使用不同的"吸管工具"在图像中采样目标色彩,或从拾色器中选择颜色。

⑤色相平衡和角度:使用色轮来控制色相和饱和度。包括色相角度:控制色相的旋转角

152

度;平衡数量级:控制由"平衡角度"确定的颜色平衡校正量;平衡增益:通过乘法调整亮度值,使较亮的像素受到的影响大于较暗的像素受到的影响;平衡角度:控制色相转换的角度。

⑥饱和度:调整图像的颜色饱和度。包括黑色阶/灰色阶/白色阶:使用不同的"吸管工具"来采样图像中的目标颜色或监视器桌面上的任意位置,以设置最暗阴影、中间调灰色和最亮高光的色阶;输入黑色阶/输入灰色阶/输入白色阶/:调整高光、中间调或阴影的黑场、中间调和白场输入色阶。

(8)自动对比度:该效果可以对素材进行自动对比度调节。对比度对视觉效果的影响非常关键,对比度越大,图像越清晰醒目,颜色也更鲜明;对比度越小,图像画面越模糊,颜色越灰。越高的对比度使图像的清晰度、细节表现、灰度层次表现得更加清楚,对比度对黑白图像的清晰度和完整性更加明显。对比度对于视频影响更明显,在动态中明暗转换的对比度越大,人们越容易分辨出这样的转换过程。其参数面板如图 5-114 所示。

图 5-114 "自动对比度"参数面板

①瞬时平滑(秒):控制平滑的时间。

②场景检测:选中后,自动侦测到每个场景并进行对比度处理。

③减少黑色像素:控制暗部的百分比。

④减少白色像素:控制亮部的百分比。

⑤与原始图像混合:控制素材间的混合程度。

(9)自动色阶:该效果可以对素材进行自动的色阶调节。

(10)自动颜色:该效果对素材进行自动的色彩调节。

(11)视频限幅器(旧版):该效果是对图像的色彩值进行调整,设置视频限制的范围,以便素材能够在电视中更精确地显示。

(12)阴影/高光:该效果可以调整素材的阴影和高光部分。

13.过渡

"过渡"类视频效果主要是用来制作素材间的过渡效果,此类效果和视频转场的过渡效果相似,但用法不同。该类效果可以单独对整个素材进行处理,也可以通过创建关键帧动画来编辑素材之间的过渡效果,而过渡转场是在两段素材的连接处制造转场效果。选择"效果"面板中的"视频效果"|"过渡",如图 5-115 所示。

图 5-115 "过渡"类视频效果

(1)块溶解:该效果可以在图像上产生随机的方块对图像进行溶解。

(2)径向擦除:该效果可以围绕指定点以旋转的方式将图像擦除。

(3)渐变擦除:该效果可以根据两个图层的亮度值建立一个渐变层,在指定层和原图层之间进行渐变切换。

(4)百叶窗:该效果通过对图像进行百叶窗式的分割,形成图层之间的过渡切换。

(5)线性擦除:该效果通过线条划过的方式,在图像上形成擦除效果。

14. 透视

"透视"类视频效果可以对图像进行空间变形,看起来具有立体空间的效果。选择"效果"面板中的"视频效果"|"透视",如图 5-116 所示。

图 5-116 "透视"类视频效果

(1)基本 3D:该效果可以在一个虚拟的三维空间中操作图像。在该虚拟空间中,图像可以绕水平和垂直的轴转动,可以产生图像运动的移动效果,还可以在图像上增加反光的效果,从而产生更逼真的空间特效。其参数面板如图 5-117 所示。

图 5-117 "基本 3D"参数面板

①旋转:设置素材水平旋转的角度。

②倾斜:设置素材垂直旋转的角度。

③与图像的距离:设置素材拉近或推远的距离。

④镜面高光:设置阳光照在素材上产生的光晕效果,模拟其真实效果。

⑤预览:选中"绘制预览线框"复选框时,在预览时素材会以线框的形式显示,这样可以加快素材的显示速度。

(2)径向阴影:该效果与"投影"效果类似,但比"投影"效果在控制上变化多一些,它可以使一个三维层的影子投射到一个二维层。

(3)投影:该效果可以为图像添加阴影效果。其参数面板如图 5-118 所示。

图 5-118 "投影"参数面板

①阴影颜色:设置阴影的颜色。

②不透明度:设置阴影的不透明度。

③方向:设置阴影产生的方向。

④距离:设置阴影和原画面的距离。

⑤柔和度:设置阴影的柔和度值。

⑥仅阴影:画面中仅显示阴影。

(4)斜面 Alpha:该效果可以使图像中的 Alpha 通道产生斜面效果,如果图像中没有包含 Alpha 通道,则直接在图像的边缘产生斜面效果。

(5)边缘斜面:该效果为图像边缘提供凿刻和光亮的 3D 边缘效果。

15. 通道

"通道"类视频效果用于对素材的通道进行处理,实现图像颜色、色调、饱和度和亮度等颜色属性的改变。选择"效果"面板中的"视频效果"|"通道",如图 5-119 所示。

(1)反转:该效果可以将指定通道的颜色反转成相应的补色,对图像的颜色信息进行反相。

（2）复合运算：该效果可以以数学运算的方式合成当前层和指定层的图像。其参数面板如图 5-120 所示。

图 5-119　"通道"类视频效果　　　　　　　　图 5-120　"复合运算"参数面板

①第二个源图层：指定要混合的第二个素材所在轨道。

②运算符：设置混合的计算方式。

③在通道上运算：指定通道的应用效果。

④溢出特性：设置混合失败后所采取的处理方式。

⑤伸缩第二个源以适合：选中它，二级源素材自动调整大小以适配。

⑥与原始图像混合：第二个源素材与原始素材的混合百分比。

（3）混合：该效果可以将当前图像与指定轨道中的素材图像进行混合。

（4）算术：该效果可以对图像的色彩通道进行简单的数学运算。

（5）纯色合成：该效果可以应用一种设置的颜色与图像进行混合。

（6）计算：该效果通过混合指定的通道来进行颜色的调整。

（7）设置遮罩：该效果以当前层中的 Alpha 通道取代指定层中的 Alpha 通道，使之产生运动屏蔽的效果。

16. 键控

"键控"类视频效果主要用于有两个重叠的素材图像时产生各种叠加效果，以及清除图像中指定部分的内容，形成抠像效果。选择"效果"面板中的"视频效果"|"键控"，如图 5-121 所示。

制作抠像效果

（1）Alpha 调整：该效果可以应用上层图像中的 Alpha 通道来设置遮罩叠加效果。

（2）亮度键：该效果可以将生成图像中的灰度像素设置为透明，并且保持色度不变。该特效对明暗对比十分强烈的图像特别有用，比如背景为纯黑色的素材。

（3）图像遮罩键：通过单击该效果名称后面的"设置"按钮 ，在打开的对话框中选择一个外部素材作为遮罩，控制两个图层中图像的叠加效果。遮罩素材中的黑色所叠加部分变为透明，白色的不透明，灰色的部分不透明。

（4）差值遮罩：该效果可以叠加两个图像中相互不同部分的纹理，保留对方的纹理颜色。其参数面板如图 5-122 所示。

图 5-121　"键控"类视频效果　　　　　　　　图 5-122　"差值遮罩"参数面板

①视图：设置合成图像的最终显示效果。"最终输出"表示图像为最终输出效果，"仅限源"表示仅显示源图像效果，"仅限遮罩"表示仅以遮罩为最终输出效果。

②差值图层：设置与当前素材产生差值的轨道层。

③如果图层大小不同：如果差异层和当前素材层的尺寸不同，设置层与层之间的匹配方式。"居中"表示中心对齐，"伸展以适合"表示将拉伸差异层匹配当前素材层。

④匹配容差：设置两层间的匹配容差值。

⑤匹配柔和度：设置图像间的匹配柔和程度。

⑥差值前模糊：用来模糊差异像素，清除合成图像中的杂点。

（5）移除遮罩：该效果用于清除图像遮罩边缘的白色残留或黑色残留，是对遮罩处理效果的辅助处理。

（6）超级键：该效果可以将图像中的指定颜色范围生成遮罩，并通过参数设置对遮罩效果进行精细调整，得到需要的抠像效果。

（7）轨道遮罩键：该效果将当前图层之上的某一轨道中的图像指定为遮罩素材来完成与背景图像的合成。

（8）非红色键：该效果用于去除图像中除红色以外的其他颜色，即蓝色或绿色。

（9）颜色键：该效果可以将图像中指定颜色的像素清除，是常用的抠像特效。

17.颜色校正

"颜色校正"类视频效果主要用于对素材图像进行颜色的校正。选择"效果"面板中的"视频效果"|"颜色校正"，如图 5-123 所示。

（1）ASC CDL：该效果可以对素材画面的颜色及饱和度进行调节。

（2）Lumetri 颜色：该效果可以对素材画面的颜色进行基本校正。

（3）亮度与对比度：该效果用于直接调整素材图像的亮度和对比度。

（4）保留颜色：该效果可以设置一种颜色范围保留该颜色，而其他颜色转化为灰度效果。

（5）均衡：该效果用于对图像中像素的颜色值或亮度等进行平均化处理。

（6）更换为颜色：该效果可以将在图像中选定的一种颜色更改为另外一种颜色。

（7）更改颜色：该效果可以对图像中指定颜色的色相、亮度、饱和度等进行更改。

（8）色彩：该效果用于将图像中的黑色调和白色调映射转换为其他颜色。

（9）视频限制器：该效果限制剪辑中的亮度和颜色，使其满足广播级标准的范围，可显示色域警告。

（10）通道混合器：该效果用于对图像中的 R、G、B 颜色通道分别进行色彩通道的转换，实现图像颜色的调整。其参数面板如图 5-124 所示。

图 5-123　"颜色校正"类视频效果　　图 5-124　"通道混合器"参数面板

①红色-红色、绿色-绿色、蓝色-蓝色：表示素材 RGB 模式，分别调整红、绿、蓝三个通道，依此类推。

②红色-绿色、红色-蓝色：表示在红色通道中绿色所占的比例，依此类推。

③绿色-红色、绿色-蓝色：表示在绿色通道中红色所占的比例，依此类推。

④蓝色-红色、蓝色-绿色:表示在蓝色通道中红色所占的比例,依此类推。

⑤单色:选中该复选框,素材将变成灰度。

(11)颜色平衡:该效果用于对图像的阴影、中间调、高光范围中的 R、G、B 颜色通道分别进行增加或降低的调整,来实现图像颜色的平衡校正。

(12)颜色平衡(HLS):该效果可以分别对图像中的色相、亮度、饱和度进行增加或降低的调整,来实现图像颜色的平衡校正。

18.风格化

"风格化"类视频效果用来模拟一些实际的绘画效果,使图像产生丰富的视觉效果。选择"效果"面板中的"视频效果"|"风格化",如图 5-125 所示。

(1)Alpha 发光:该效果对含有 Alpha 通道的图像素材起作用,可以在 Alpha 通道的边缘向外生成单色或双色过渡的辉光效果。

(2)复制:该效果只有一个"计数"参数,用于设置对图像画面的复制数量,复制得到的每个区域都将显示完整的画面效果,如同电视墙一样。

(3)彩色浮雕:该效果可以将图像画面处理成类似轻浮雕的效果。

(4)曝光过度:该效果可以将画面处理成类似相机底片曝光的效果,"阈值"参数值越大,曝光效果越强烈。

(5)查找边缘:该效果可以对图像中颜色相同的成片像素以线条进行边缘勾勒。

(6)浮雕:该效果可以在画面上产生浮雕效果,同时去掉原有的颜色,只在浮雕效果的凸起边缘保留一些高光颜色。

(7)画笔描边:该效果可以模拟出画笔绘制的粗糙外观,得到类似油画的艺术效果。

(8)粗糙边缘:该效果可以将图像的边缘粗糙化,来模拟边缘腐蚀的纹理效果。

(9)纹理:该效果可以用指定图层中的图像作为当前图像的浮雕纹理。

(10)色调分离:该效果通过调整色阶量,产生海报效果的画面,类似 Photoshop 的色调分离命令。

(11)闪光灯:该效果可以在素材剪辑的持续时间范围内,在指定间隔时间的帧画面上覆盖指定的颜色,从而使画面在播放过程中产生闪烁效果。其参数面板如图 5-126 所示。

图 5-125 "风格化"类视频效果　　　图 5-126 "闪光灯"参数面板

①闪光色:选择闪光灯颜色。

②与原始图像混合:设置与原始素材的混合程度数值。

③闪光持续时间(秒):设置闪烁周期,以秒为单位。

④闪光周期(秒):设置间隔时间,以秒为单位。

⑤随机闪光概率:设置频闪的随机概率。

⑥闪光:设置闪光的方式。可以选择"仅对颜色操作"或"使图层透明"。

⑦闪光运算符:选择闪光的方式。

⑧随机植入：设置频闪的随机植入，值大时透明度高。

（12）阈值：该效果可以将图像变成黑白模式，通过设置"级别"参数，调整图像的转换程度。

（13）马赛克：该效果可以在画面上产生马赛克效果，将画面分成若干个方格，每一格都用该方格内所有像素的平均颜色值进行填充。

5.4 课外拓展

请利用本项目所学习的内容，运用教材配套资源内提供的素材，分析"课外拓展.mp4"成品作品的效果来对素材进行特效的运用和操作，在本次作品中，运用了"Lumetri 颜色""镜像""球面化""书写""局部蒙版"等效果，如图 5-127～图 5-131所示。具体做法可见教材配套资源内"课外拓展.ppj"工程文件。

制作特效短片

图 5-127 "镜像"和"球面化"效果显示

图 5-128 "镜像"、"波形变形"和"书写"效果显示

图 5-129 "局部蒙版"效果显示

图 5-130 "色阶"和"边角定位"效果显示

图 5-131 "复制"和"闪电"效果显示

效果字幕制作
——责任担当,做作品质量的维护者

教学案例

● 为视频短片《寿司的制作》添加必要、合适的字幕效果。

教学内容

● 静态字幕各类效果的制作;滚动字幕的制作。

教学目标

● 熟练运用字幕工具,能进行动态霓虹字幕开放式字幕、基本图形字幕、曲线字幕、滚动字幕等字幕效果的制作。
● 能够根据视频的特点和要求,来加入恰当的字幕效果。

职业素养

● 责任意识是一种能力、一种精神,更是一种品格,工作分工无大小,毫无怨言去承担,并且认认真真地做好,这就是责任。

项目分析

● 充分认识字幕的重要地位,它能看出制作者的严谨态度,能判断出作品品质的高低。作为构成影视作品的重要元素,字幕在视频制作中可以起到画龙点睛、解释说明的作用。本项目我们需要从多种字幕的类型和样式进行选择,根据创作和表达需要设置具体参数,比如字体、大小、样式、透明度等,根据影片画面需要匹配最适合的字幕。

6.1 案例简介

本项目主要介绍在视频制作过程中字幕的使用。众所周知,字幕同视频、音频一样都是构成影视作品的元素,字幕在视频制作中可以起到画龙点睛、解释说明的作用。在 Premiere Pro CC 2019 中,有多种字幕的类型和样式,可以根据自己的需要设置具体参数,如字体、大小、样式、透明度等,还可以进行模板替换、设置滚动效果等。

制作
《寿司的制作》

本项目将利用成品视频《寿司的制作》来添加恰当、必要的字幕效果。

6.2 课上演练

6.2.1 动态霓虹字幕

动态霓虹字幕的具体操作步骤如下:

步骤 1 新建一个项目文件,命名为"寿司的制作"。新建一个名为"寿司的制作"的新序列。在"项目"面板导入素材"寿司的制作.mp4",如图 6-1 所示。

步骤 2 将素材"寿司的制作.mp4"拖曳到时间轴 V1 轨道上,此时会弹出一个"剪辑不匹配警告"提示框,如图 6-2 所示。单击"更改序列设置"按钮,此时序列视频的大小会随着素材的大小进行改变。

图 6-1 导入"寿司的制作"素材　　　　图 6-2 "剪辑不匹配警告"提示框

步骤 3 首先我们为该视频添加标题字幕。单击菜单栏"文件"|"新建"|"旧版标题",如图 6-3 所示。我们采用旧版 Premiere 的"字幕"面板来对标题进行设计。

图 6-3 执行"旧版标题"命令

步骤 4　弹出"新建字幕"对话框,可以设置字幕的宽度、高度等格式,如不需要进行修改,可以直接单击"确定"按钮。在此,我们将该字幕的名称改为"标题字",单击"确定"按钮。如图 6-4 所示。

步骤 5　在弹出的"字幕"面板中,选择"文字工具" ，在屏幕上输入"寿司制作",如图 6-5 所示。我们可以利用"选择工具" ，选取该标题字幕,将其挪到合适位置,并通过拖曳的方式来改变字幕的大小。

步骤 6　在"字幕"面板右侧的字幕属性栏的"填充"栏中,选择"填充类型"|"四色渐变",如图 6-6 所示。

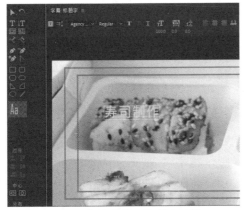

| 图 6-4　"新建字幕"对话框 | 图 6-5　使用"文字工具"输入标题 | 图 6-6　使用"四色渐变"填充文字 |

步骤 7　双击四个角的色板,依次在取色器中选取相应的颜色,可以给字的四个角添加颜色,为了方便演示,我们分别采用标准红色、标准黄色、标准蓝色和标准绿色。四个角的颜色值(按逆时针方向)分别为:(R255,G0,B0)、(R255,G255,B0)、(R0,G0,B255)、(R0,G255,B0),如图 6-7 所示。这样一个四色渐变的字幕就完成了,如图 6-8 所示。

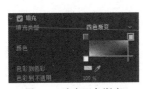

| 图 6-7　选定四色渐变 | 图 6-8　完成的四色渐变标题字 |

步骤 8　下面开始制作动态霓虹字,我们需要依次变换字的四个角的颜色。在"字幕"面板左上角单击"基于当前字幕新建字幕"按钮 ，在原有字幕的位置新建字幕"标题字 2",将"标题字"的四角颜色按顺时针方向依次进行替换,如图 6-9 所示。

图 6-9　按顺时针方向改变四角颜色

步骤 9　重复步骤 8,新建字幕"标题字 3",进行四角颜色变换,如图 6-10 所示。新建字幕"标题字 4",进行四角颜色变换,如图 6-11 所示。关闭"字幕"面板,在"项目"面板中可以看到四个四色渐变的字幕,如图 6-12 所示。

图 6-10　依次按顺时针方向改变四色位置　　图 6-11　继续按顺时针方向改变四色位置

图 6-12　四色渐变的四个字幕素材

步骤 10　将"标题字"拖曳至时间轴 V2 轨道的开头位置,字幕时长调整为 4 帧。按此方法依次将标题字 2、标题字 3、标题字 4 拖曳到 V2 轨道上,字幕时长均调整为 4 帧,如图 6-13 所示。为了增加霓虹效果,再依次将四个剪好的字幕复制/粘贴 2 遍,如图 6-14 所示。单击"播放"按钮,就可以看到霓虹闪烁的效果了。标题字的制作因为要涉及填充效果和变换,所以用旧版标题来做比较方便快捷。下面我们来介绍其他字幕的制作方法。

图 6-13　添加四个字幕到 V2 轨道

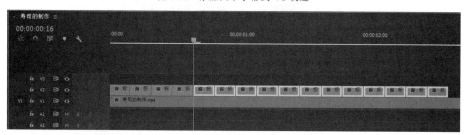

图 6-14　将四个字幕复制/粘贴 2 遍

6.2.2　开放式字幕

开放式字幕的具体操作步骤如下:

步骤 1　将时间标尺调至需要加字幕的 8 秒 08 帧(00:00:08:08)处。在"项目"面板单击鼠标右键,选择"新建项目"|"字幕",如图 6-15 所示。也可以单击菜单栏"文件"|"新建"|"字幕",如图 6-16 所示,来新建字幕。

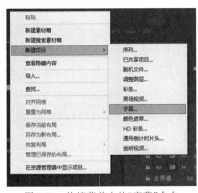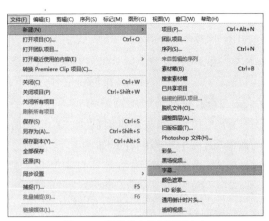

图 6-15　快捷菜单中的"字幕"命令　　　　图 6-16　菜单栏中的"字幕"命令

步骤 2　在弹出的"新建字幕"对话框中，选择"标准"为"开放式字幕"，单击"确定"按钮，如图 6-17 所示。此时，在"项目"面板出现了一个名为"开放式字幕"的字幕素材。我们将该素材拖曳到指定的时间轴位置，即 00:00:08:08，如图 6-18 所示。

图 6-17　选择"开放式字幕"

图 6-18　将字幕拖曳到指定时间位置

步骤 3　该开放式字幕的时长可以根据需要添加文字的视频长短来进行调整。在该段素材中，需要持续到 00:00:12:11 的位置，所以我们将开放式字幕拉长到结束位置，即 00:00:12:11，如图 6-19 所示。

图 6-19　拉长开放式字幕到指定时间位置

步骤4 时间标尺回到 00:00:08:08 位置,此时在"节目监视器"面板能看到字幕的位置和样式,如图 6-20 所示。双击"开放式字幕",打开"字幕"面板,在里面可以输入字幕的内容"配料:玉米",如图 6-21 所示。我们可以通过调整面板中的字体、颜色、大小、位置、背景色等参数来调整文字的样式。在此,我们将字体改为"楷体",如图 6-22 所示。"大小"调整为"90",选中背景颜色 □,将其透明度调整为"60%",在字幕位置块 上,单击右下角,将字幕放在整个画面的右下角位置,修改出点时间为 00:00:01:05,调整完成后参数如图 6-23 所示。此时,"节目监视器"面板中字幕的样式如图 6-24 所示。当然,我们也可以选中"开放式字幕",利用"效果控件"面板中的位置、缩放等项目来调整字幕的呈现状态。

图 6-20 "节目监视器"面板中字幕的样式和位置

图 6-21 在"字幕"面板中输入文字内容

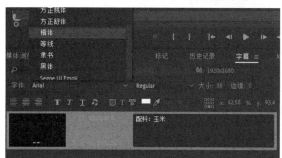

图 6-22 更改字体为"楷体"

图 6-23 字幕参数调整完成

图 6-24 "节目监视器"面板中的字幕样式

步骤5 画面中玉米的展示,到 00:00:09:13 时结束,所以我们在开放式字幕中,拉动"配料:玉米"的字幕条至 00:00:09:13,如图 6-25 所示。

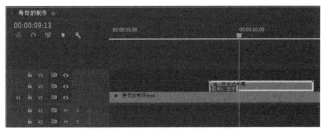

图 6-25　拉长第一条字幕到指定时间位置

步骤 6　在"字幕"面板中单击"添加字幕"，加入一条新的字幕，如图 6-26 所示。输入字幕的内容"配料:鱼子酱"，因为是在同一个开放式字幕中,所以之前我们设置的参数同样有效,最终呈现的状态如图 6-27 所示。将该字幕拉长至画面结束位置,即 00:00:10:16。

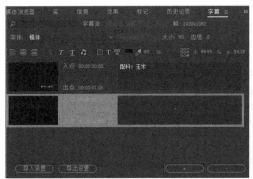

图 6-26　添加一条新字幕

图 6-27　新添加字幕的呈现状态

步骤 7　用步骤 6 的方法,增加一条新字幕,输入字幕"配料:萝卜条",参数同上,如图 6-28 所示。将该字幕拉长至开放式字幕的最后,即 00:00:12:11。效果如图 6-29 所示。

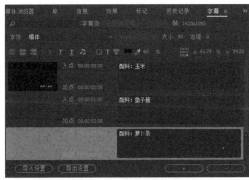

图 6-28　添加一条参数相同的新字幕

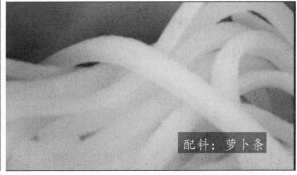

图 6-29　新字幕的呈现状态

6.2.3　基本图形字幕

基本图形字幕的具体操作步骤如下:

步骤 1　将时间标尺调至需要加基本图形字幕的 18 秒 20 帧(00:00:18:20)处。单击界面上方的"图形",如图 6-30 所示,打开"基本图形"面板,该面板在界面的最右侧,如图 6-31 所示。

图 6-30　打开"图形"组件

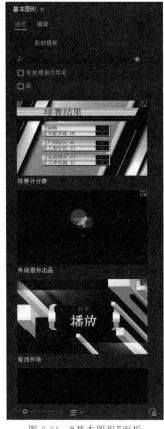

图 6-31 "基本图形"面板

步骤 2 在"基本图形"面板中,单击"编辑"选项卡,如图 6-32 所示。在"编辑"面板中,单击"新建图层"图标 ■ ,在弹出的选项中选择"文本",如图 6-33 所示。此时,在时间轴时间标尺位置,出现了一个文本素材,并在"节目监视器"面板能看到该文本的显示,如图 6-34 所示。

图 6-32 "编辑"选项卡　　图 6-33 新建文本图层　　图 6-34 文本图层在"节目监视器"面板的显示

步骤 3 在"节目监视器"面板中,我们可以拖曳该文本到视频左上方,方便我们输入完整的文字。双击该文本,可以更改文本内容,具体文字如图 6-35 所示。在"基本图形"面板,可以调整文本文字的字体、字号、位置等,我们将字体改为"KaiTi(楷体)",字号为 100,字间距为 37,如图 6-36 所示。

图 6-35 双击文本更改内容

图 6-36 文本参数调整

步骤 4 在"时间轴"面板,将 V2 轨道上的文本素材拉长到 40 秒 12 帧(00:00:40:12),如图 6-37 所示。接下来我们利用矢量运动和特效来制作滚动效果。

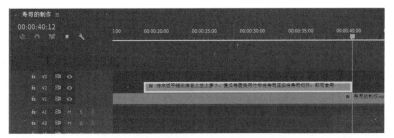

图 6-37 拉长文本图层到指定时间位置

步骤 5 调整"效果控件"面板中的位置参数为"1178.0,1374.0",将第一行文字放在视频的下方合适位置。打开"视频效果"|"变换"|"裁剪",如图 6-38 所示,将其拖曳到文本素材上。在"效果控件"面板中,将其"顶部"参数调整为"75.0%",如图 6-39 所示。

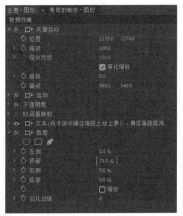

图 6-38 选择"裁剪"效果

图 6-39 调整裁剪的"顶部"参数

步骤 6 在"效果控件"面板中,添加"矢量运动"|"位置"的关键帧。将"位置"数值改为"1178.0,1564.0",如图 6-40 所示,此时在"节目监视器"面板中已看不到字幕。将时间标尺调整到 19 秒 20 帧(00:00:19:20),将"位置"数值改为"1178.0,1390.0",如图 6-41 所示,此时字幕出现在视频的下方。将时间标尺调整到 22 秒 10 帧(00:00:22:10),单击"位置"数值后的

"添加/移除关键帧" ◀ ◇ ▶ ，添加一个保持位置关键帧，"位置"数值保持不变，如图 6-42 所示。将时间标尺调到文本素材的 23 秒 16 帧（00:00:23:16），将"位置"数值改为"1178.0,1163.0"，如图 6-43 所示。

图 6-40 更改"位置"数值并添加关键帧

图 6-41 在指定时间继续更改位置数值并添加关键帧(1)

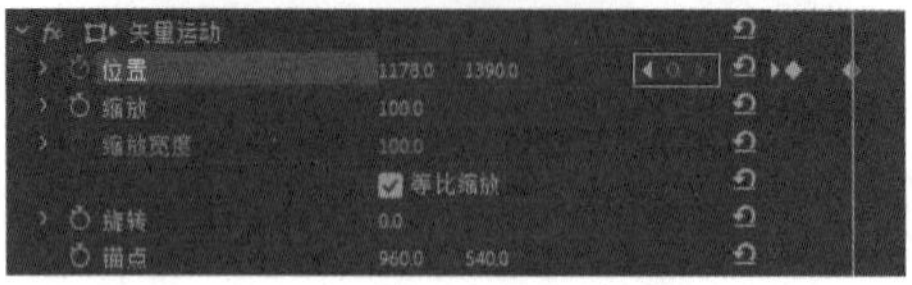

图 6-42 在指定时间添加位置保持关键帧(1)

图 6-43 在指定时间继续更改位置数值并添加关键帧(2)

步骤 7 将时间标尺调整到 29 秒 08 帧（00:00:29:08），单击"位置"数值后的"添加/移除关键帧" ◀ ◇ ▶ ，添加一个保持位置关键帧，"位置"数值保持不变，如图 6-44 所示。将时间标尺调整到文本素材的 31 秒 13 帧（00:00:31:13），将"位置"数值改为"1178.0,907.0"，如图 6-45 所示。将时间标尺调整到 34 秒 05 帧（00:00:34:05），单击"位置"数值后的"添加/移除关键帧" ◀ ◇ ▶ ，添加一个保持位置关键帧，"位置"数值保持不变，如图 6-46 所示。将时间标尺调整到文本素材的 35 秒 15 帧（00:00:35:15），将"位置"数值改为"1178.0,656.0"，如图 6-47 所示。

图 6-44 在指定时间添加位置保持关键帧(2)

图 6-45 在指定时间继续更改位置数值并添加关键帧(3)

图 6-46 在指定时间添加位置保持关键帧(3)

图 6-47 在指定时间继续更改位置数值并添加关键帧(4)

步骤 8 将时间标尺调整到 38 秒 23 帧（00:00:38:23），单击"位置"数值后的"添加/移除关键帧" ◀ ◇ ▶ ，添加一个保持位置关键帧，"位置"数值保持不变，如图 6-48 所示。将时间标尺调到文本素材的最后（00:00:40:11），将"位置"数值改为"1178.0,393.0"，如图 6-49 所示。此时，滚动字幕就制作完成了，我们可以播放看看滚动的效果。

图 6-48 在指定时间添加位置保持关键帧(4)

图 6-49 在指定时间继续更改位置数值并添加关键帧(5)

6.2.4 曲线字幕

曲线字可以用"旧版标题"里的"路径文字"来绘制,主要用于创建沿路径排列的文字。在"字幕"面板中单击"路径文字工具"按钮 或"垂直路径文字"按钮 创建。具体操作步骤如下:

步骤 1 将时间标尺调至需要加曲线字幕的 41 秒 23 帧(00:00:41:23)处。

步骤 2 单击"文件"|"新建"|"旧版标题",在弹出的"新建字幕"对话框中,将名称改为"曲线字",如图 6-50 所示。单击"确定"按钮,创建一个曲线字幕。在弹出的"字幕"面板中单击"路径文字工具"按钮 后,在绘制区绘制曲线路径,如图 6-51 所示,单击关键点并拖曳调整即可制作一条曲线。

图 6-50 新建"曲线字"字幕

图 6-51 绘制曲线路径

步骤 3 绘制路径后即可添加文字"风味烤鸭寿司",文字会自动按照绘制的路径进行排列。我们可以在字幕属性栏更改字体、大小、字距、填充色等属性,具体更改参数如图 6-52 所示。

图 6-52 更改字幕属性和填充样式

步骤 4 关闭"字幕"面板,曲线字幕自动存储。在"项目"面板,将"曲线字"拖曳到时间线窗口 V2 轨道中的时间线标尺位置(00:00:41:23),拉长字幕长度至 44 秒(00:00:44:00),如图 6-53 所示。此时在"节目监视器"面板就可以看到曲线字的效果了,如图 6-54 所示。下面,我们可以在字幕出现的开始位置加一个模糊效果。

图 6-53 添加字幕到 V2 轨道

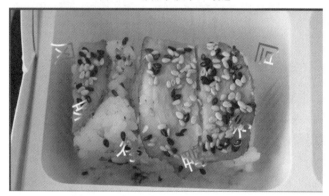

图 6-54 "节目监视器"面板中曲线字效果

步骤 5 打开"视频效果"|"模糊与锐化"|"高斯模糊",如图 6-55 所示,将其拖曳到曲线字幕上。在"效果控件"面板中,添加"高斯模糊"|"模糊度"的关键帧,并在曲线字开始位置,将"模糊度"参数调整为"57.0",如图 6-56 所示。此时在"节目监视器"面板中,曲线字已变得模糊不清。将时间标尺调整到 42 秒 23 帧(00:00:42:23),将"模糊度"数值改为"0.0",如图 6-57所示,此时字幕变得清晰可见。

图 6-55 选择"高斯模糊"效果　　　　图 6-56 调整"模糊度"数值并添加关键帧

图 6-57 在指定时间继续调整模糊度数值并添加关键帧(6)

步骤 6 这样,曲线字幕就做好了。我们可以播放观看曲线字幕的效果。如果觉得哪里不合适,可以在时间轴上双击曲线字幕,打开"字幕"面板进行微调,直至满意。

6.2.5 滚动字幕

滚动字幕具体操作步骤如下：

步骤 1 在视频最后我们加入结尾滚动字幕。滚动字幕我们可以用"基本图形"面板，在"新建图层"后的参数最下端勾选"滚动"，进行设置。也可以采用"旧版标题"中的"滚动/游动选项"来进行设置。这里，我们采用"旧版标题"的方法来进行讲解。将"时间轴"面板时间标尺调至需要加滚动字幕的 44 秒 14 帧(00:00:44:14)处。

步骤 2 单击"文件"|"新建"|"旧版标题"，在弹出的"新建字幕"对话框中将名称改为"滚动字"，如图 6-58 所示。单击"确定"按钮，创建一个滚动字幕。在弹出的"字幕"面板中单击"区域文字工具"按钮，绘制出一个文字框。在该文字框内添加字幕，将后期人员的名单均添加上去，如图 6-59 所示。可以在字幕属性栏中，更改字体、大小、行距、字距等属性，如图 6-60 所示。

滚动字幕
的制作

图 6-58 新建"滚动字"字幕

图 6-59 输入滚动字幕内容

图 6-60 更改字幕属性

步骤3 单击"滚动/游动选项"按钮 ，弹出"滚动/游动选项"对话框，"字幕类型"选择"滚动"单选按钮，"定时帧"选择"开始于屏幕外"，设置"缓出"为"200"，这样可以让字幕的最后文字停留在画面中。单击"确定"按钮，如图6-61所示。

图6-61 "滚动/游动选项"对话框

步骤4 关闭"字幕"面板，滚动字幕自动存储。将"项目"面板中的"滚动字"拖曳到"时间轴"面板 V1 轨道中的时间标尺位置（00:00:44:14），拉长字幕长度至 48 秒（00:00:48:00），即可将滚动字效果呈现出来了，如图6-62所示。拉长滚动字幕的目的是让滚动速度慢下来，让观众看清楚。

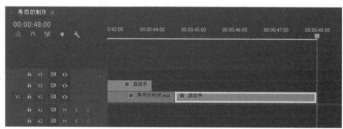

图6-62 添加滚动字幕到 V1 轨道指定时间位置

步骤5 按空格键将视频作品整体播放一遍，检查有无疏漏或错误需要更改。确认无误后，单击"文件"|"导出"|"媒体"，弹出"导出设置"对话框，更改输出名称、输出位置、渲染质量等选项后，如图6-63所示，单击"导出"按钮，将作品导出成视频文件即可。

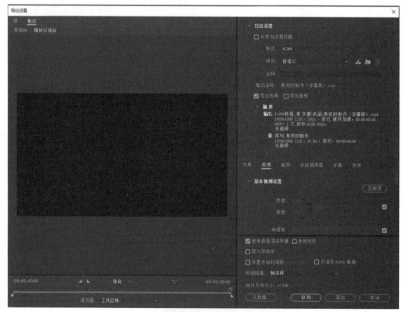

图6-63 "导出设置"面板中的参数调整

6.3 功能工具

6.3.1 字幕创建

方法 1：单击菜单栏的"文件"|"新建"|"旧版标题"选项，如图 6-3 所示。弹出"新建字幕"对话框，即可进行旧版 Premiere 字幕的编辑工作。

方法 2：通过单击菜单栏"文件"|"新建"|"字幕"的方法，或者在"项目"面板单击鼠标右键，选择"新建项目"|"字幕"的方法，来创建开放式字幕或其他字幕类型，如图 6-15、图 6-16 所示。

方法 3：通过单击界面上方的"图形"，如图 6-30 所示，打开"基本图形"面板，利用新建文本图层或者模板的方式来创建一个字幕。

6.3.2 旧版标题"字幕"面板介绍

"字幕"面板主要包括字幕工具、字幕动作、字幕样式、字幕属性和绘图区 5 个部分。

1.字幕工具

字幕工具主要包括"选择工具"、"旋转工具"、"文字工具"、"垂直文字工具"和"区域文字工具"等，下面将对各种工具的选项含义进行详细的介绍。

①选择工具 ▶ ：对已存在的文字或图形进行选择。按住 Shift 键使用该工具时，可以同时选择多个物体。直接拖动对象控制手柄可以改变对象的区域和大小。

②旋转工具 ↻ ：对已存在的文字或图形进行旋转操作。

③文字工具 T ：在绘图区中单击后即可输入横排文字。

④垂直文字工具 IT ：在绘图区中单击即可输入竖排文字。

⑤区域文字工具 ▦ ：制作横排段落文本，适用于文本较多的情况。它与"文字工具"的区别在于，它建立文本时首先要限定一个范围框，调整文本属性时，范围框不会受到影响。

⑥垂直区域文字工具 ▦ ：制作竖排段落文本，适用于文本较多的情况。

⑦路径文字工具 ⌇ ：在绘图区多点单击，可以制作出一段沿路径排列的文本。

⑧垂直路径文字工具 ⌇ ：在绘图区多点单击，可以制作出一段垂直于路径排列的文本。

⑨钢笔工具 ✒ ：可以勾画复杂的轮廓和定义多个锚点的曲线。

⑩删除锚点工具 ✒ ：在已勾画好的轮廓线上删除锚点，可以改变轮廓形状。

⑪添加锚点工具 ✒ ：在已勾画好的轮廓线上添加锚点，可以改变轮廓形状。

⑫转换锚点工具 ⌐ ：调整已勾画好的轮廓线上锚点的位置和角度，可以改变轮廓形状，比如产生一个尖角或者改变曲线的圆滑度。

⑬矩形工具 ▢ ：在绘图区可以绘制出矩形。

⑭圆角矩形工具 ▢ ：在绘图区可以绘制出圆角矩形。

⑮切角矩形工具 ：在绘图区可以绘制出切角矩形。

⑯圆矩形工具 ：可以在绘图区绘制出一个带有圆角的矩形，只不过它的圆角更具有弧度、更加明显。

⑰楔形工具 ：在绘图区可以绘制出三角形。

⑱弧形工具 ：在绘图区可以绘制出圆弧。

⑲椭圆工具 ：在绘图区可以绘制出椭圆形，如果在绘制同时按住 Shift 键，可以绘制出正圆形。

⑳直线工具 ：在绘图区可以绘制出直线。

2.字幕动作

字幕动作主要是对字幕、图形进行移动、旋转、对齐等操作，如图 6-64 所示。

3.字幕样式

字幕样式用于设置字幕的已设定样式，如图 6-65 所示。

图 6-64　字幕动作　　　　　　　　　　图 6-65　字幕样式

4.字幕属性

字幕属性主要用于设置字幕的字体、图形、大小、颜色、阴影等属性。

(1)变换：单击"变换"选项左侧的三角形按钮，展开该选项，如图 6-66 所示。

图 6-66　"变换"下拉列表

①不透明度：用于设置字幕的透明度。

②X 位置：用于设置字幕在 X 轴的位置。

③Y 位置：用于设置字幕在 Y 轴的位置。

④宽度：用于设置字幕的宽度。

⑤高度：用于设置字幕的高度。

⑥旋转：用于设置字幕的旋转角度。

(2)属性：调节字幕的基本属性，如字体、样式、行距等，如图 6-67 所示。

①字体系列：单击"字体系列"右侧的下拉按钮，在弹出的下拉列表框中可以选择所需要的字体，显示的字体取决于 Windows 系统安装的字体。

②字体样式：设置所选文字的具体风格，可以选择 Regular(常规)、Bold(黑体)、Bold Italic

（黑斜体）和 Italic（斜体）。

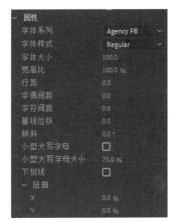

图 6-67　"属性"下拉列表

③字体大小：用于设置当前选择的文本的字体大小。

④宽高比：用来设置字体的宽高比例。

⑤行距：当有多行字幕时，可以设置行与行之间的距离。

⑥字偶间距：设置光标位置处前后字符间的距离，数值越大，字符间距越大。

⑦字符间距：设置所有字符或所选字符的间距，数值越大，字符间距越大。

⑧基线位移：设置所有字符基线的位置。通过改变该选项的值，可以方便地设置上标和下标。

⑨倾斜：用于调整文本的倾斜角度，当数值为 0.0°时，表示没有任何倾斜度；当数值大于 0.0°时，表示文本向右倾斜；数值小于 0.0°时，文本向左倾斜。

⑩小型大写字母：选中该复选框，可以输入大写字母，或将选择的所有字母改为大写字母。

⑪小型大写字母大小：用于设置所选大写字母的大小。

⑫下划线：选中该复选框，可以为文本添加下划线。

⑬扭曲：设置字符 X 轴、Y 轴的偏移距离，使字符呈现出扭曲的效果。

（3）填充：主要应用于对字符或图形颜色的填充，如图 6-68 所示。

图 6-68　"填充"下拉列表

①填充类型：单击该选项右侧的下拉按钮，在弹出的下拉列表框中可以选择不同的选项，制作出不同的填充效果，主要有实底、线性渐变、斜面等类型。

②颜色:在选好填充类型后,根据类型的特点来调整文本的颜色。

③不透明度:用于调整文本颜色的透明度。

④光泽:选中该复选框,可以在文本上加入光泽效果。单击展开该选项,可以调整光泽的颜色、大小、角度等参数。

⑤纹理:选中该复选框,可以对文本进行纹理贴图方面的设置。在纹理选项后,选择计算机中的某张图片,即可将其作为文本的纹理出现在绘图区。

(4)描边:为所选文本添加描边效果。如图6-69所示,展开如下两个选项:"内描边"和"外描边",可以设置描边线的大小、颜色、透明度、光泽和纹理等参数。

(5)阴影:选中该复选框,可以为所选文本添加阴影效果,如图6-70所示。

①颜色:用于设置阴影的颜色。

②不透明度:用于设置阴影的透明度。

③角度:用于设置阴影的角度。

④距离:用于调整阴影和文字的距离,数值越大,阴影与文字的距离越远。

⑤大小:用于放大或缩小阴影的尺寸。

⑥扩展:为阴影效果添加羽化并产生扩散效果。

(6)背景:选中该复选框,可以更改字幕背景的颜色、透明度等参数,如图6-71所示。

图6-69 "描边"下拉列表　　图6-70 "阴影"下拉列表　　图6-71 "背景"下拉列表

①填充类型:单击该选项右侧的下拉按钮,在弹出的下拉列表框中可以选择不同的选项,制作出背景颜色不同的填充效果,主要有实底、线性渐变、斜面等类型。

②颜色:在选好填充类型后,根据类型的特点来调整背景的颜色。

③不透明度:用于调整背景颜色的透明度。

④光泽:选中该复选框,可以为背景加入光泽效果。单击展开该选项,可以调整光泽的颜色、大小、角度等参数。

⑤纹理:选中该复选框,可以为背景进行纹理贴图方面的设置。在纹理选项后,选择计算机中的某张图片,即可将其作为背景出现在绘图区。

5. 绘图区

用于创建字幕、图形的工作区。在这个区域中的两个线框,外侧的线框为动作安全区,内侧的线框为标题安全区,在创建字幕时,字幕不能超过标题安全区范围,如图6-72所示。在绘图区的上方还有几个快捷键,方便操作,如图6-73所示。

①基于当前字幕新建字幕 ▣:新建一个与当前字幕完全一样的字幕素材,可以在当前字幕的基础上进行更改。

②滚动/游动选项 ▦:单击后在弹出的对话框中,可以设置字幕运动类型,并设置滚动/游动的出、入速度等参数。

③大小 $\boxed{\text{T}}$ 97.4：通过更改数值设置文本大小。

④字偶间距 $\boxed{}$ ：设置光标左右文本间的距离，数值越大，字符间的距离越远。

图 6-72　绘图区

图 6-73　绘图区上方快捷键

⑤行距 $\boxed{\text{t}}$ 0.0：设置多行文本间的行距，数值越大，字符间的行距越远。

⑥对齐方式 $\boxed{\text{≡ ≡ ≡}}$ ：设置文本间的对齐方式，分别为左对齐、居中对齐和右对齐。

⑦制表位 $\boxed{\text{⫶⫶}}$ ：制作表格的定位工具。在制作表格字幕时，可以单击该图标，在弹出的"制表位"对话框中，选择左对齐、居中对齐或右对齐，在标尺中给出参考线位置，如图 6-74 所示。这样在输入表格字幕时，按 Tab 键即可切换至下一表格。

图 6-74　"制表位"对话框

⑧显示背景视频 $\boxed{\text{👁}}$ ：选中它，则绘图区显示的背景为时间轴中的素材画面；未选中它，则绘图区显示的背景为黑色透明色。

6.3.3　开放式字幕介绍

使用"旧版标题"制作字幕虽然操作简单，但是修改字幕属性非常麻烦，需要进入"字幕"面板进行修改，比较耗时。而使用"字幕"命令添加的文字可以整体修改其属性，既省时又省力。

制作动态字幕

按照之前讲过的方法，在"项目"面板单击鼠标右键，选择"新建项目"|"字幕"，选择"开放式字幕"（除了"开放式字幕"，其他选项都是隐藏字幕，不常使用），单击"确定"按钮，创建完成。

在"项目"面板中，将开放式字幕拖曳到时间线上，双击字幕，弹出"字幕"面板，如图 6-75

所示。在此可以直接输入文字,并设置字体、字号和位置等属性。

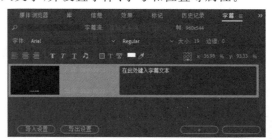

图 6-75 "字幕"面板

□ T T □ ▱ 可以更改背景颜色,默认为黑色,还可以设置背景的不透明度,以及字幕的颜色、描边等属性。

入点: 00:00:00:00 入点与出点可以决定字幕的时长,直接输入数字即可。
出点: 00:00:02:23

＋ 单击"＋"按钮可以添加新的字幕,字幕的参数和之前设定好的一致。

6.3.4 基本图形面板介绍

"基本图形"面板功能强大,可以直接创建字幕、图形和动画,综合了"旧版标题"和"字幕"命令的优势,非常实用。将预设面板切换为"图形",在"编辑"栏中单击"新建图层"按钮,选择"文本",即可在"节目监视器"面板中输入文字,在右侧"基本图形"面板中可以设置文字的位置、字体大小、字体颜色等属性,如图 6-76 所示。特别说明一下,单击"外观"选项组中的"描边"复选框右侧的"＋"按钮可以为文字添加多个描边效果,如图 6-77 所示。单击"外观"选项组右上角的设置按钮 🔧,弹出"图形属性"对话框,可以对"线段连接"进行更改,如图 6-78所示。

图 6-76 "基本图形"|"编辑"面板

图 6-77 "外观"选项组

图 6-78 "图形属性"对话框

除了设置文字的属性外，还可以更改文字的锚点，文字的锚点默认在文字起始的位置。例如，在制作文字动画的时候，文字是围绕锚点的轴心进行旋转或者缩放的，根据动画需求可以直接拖曳锚点到指定位置，也可以拖曳到文字中心位置。当不确定文字中心位置的时候，按住 Ctrl 键，这时就会出现红色十字线，具有一定的吸附感，十字线的交叉点就是文字的中心位置。

6.3.5 字幕预设的应用

Premiere Pro CC 2019 中有很多自带的字幕预设，操作简单，非常实用。在"基本图形"|"浏览"面板中选择一个字幕预设，如图 6-79 所示。将其直接拖曳到时间线上，等待预设加载与解析字体。加载完成后，在"节目监视器"面板选中预设，可以修改字幕内容。除了可以使用"基本图形"面板中自带的字幕预设，还可以下载其他常用的字幕预设模板，并添加进来进行使用。

图 6-79 "基本图形"|"浏览"
面板

6.4 课外拓展

用所学的字幕知识，为视频短片《小花的视频日记》添加标题字幕、片中字幕和片尾滚动字幕，如图 6-80 所示。素材和最终效果参看本书配套资源包。

制作《小花的
视频日记》

图 6-80 拓展练习字幕样式

项目7 音频调节制作

——统筹兼顾，保证作品的整体性

教学案例

- 对录音《童谣》进行降噪、混响、淡入、淡出等多种音频效果制作，让声音更加形象自然和清晰。我们也可以对该段录音进行各种效果合成，比如变调、调节不同房间的声音效果等，让声音更好地为视频作品服务。

教学内容

- 音频的剪辑；音频效果的调节。

教学目标

- 认识音频切换和音频特效，能够运用音频效果对声音进行修改。
- 能够根据视频的特点和要求，加入恰当的音频效果。

职业素养

- 统筹兼顾，就是总揽全局，统一谋划，在工作中把握事物全局和整体，协调好各构成元素关系，相互协调，实现事物发展的最佳效果。

项目分析

- "没有声音，再好的戏都出不来"，声音已经成为影视艺术语言中不可或缺的一部分。在制作作品的过程中，我们以一首童谣作为剪辑对象：这个音频里有噪声，需要降噪，有说错的地方需要剪辑，也有需要变调和衔接的部分。所以本项目通过对《童谣》音频的剪辑制作和效果加入，来学习关于音频的剪辑操作、功能键、音频效果等。通过对声音的剪辑和处理，并加入画面和字幕，来完成一部完整的声画合成作品。

7.1　案例简介

我们会剪辑一首童谣，这个音频里有噪声，需要降噪，有说错的地方需要剪辑，也有需要变调和衔接的部分，所以本项目通过对《童谣》音频的剪辑制作和效果加入，来学习关于音频的剪辑操作、功能键、音频效果等。通过对声音的剪辑和处理，并加入画面和字幕，来完成一部完整的声像合成作品。

处理
《童谣》音频

7.2　课上演练

对于一部完整的视听作品来说，声音具有与画面同等重要的作用，无论是同期的配音还是后期的效果、伴奏，都是不可缺少的。在本节中，我们将利用素材的音频制作来熟悉音频的剪辑和特效，具体操作步骤如下：

步骤 1　新建项目，命名为"音频制作"。新建序列，命名为"音频制作"。在"项目"面板中，导入素材音频"童谣.m4a"。将音频素材拖曳到时间轴 A1 轨道上，如图 7-1 所示。

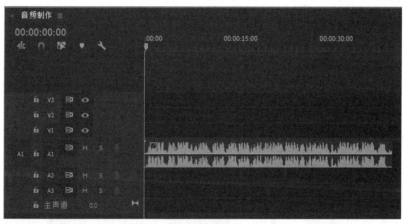

图 7-1　添加音频素材到 A1 轨道

步骤 2　播放一遍，听该音频效果，然后在其开始和结束位置制作"淡入/淡出效果"。选中该音频素材，在"效果控件"面板中，为"音量"|"级别"添加起始位置关键帧，级别数值为"−30.0 dB"；向后移动时间指针到 2 秒位置，增加"级别"关键帧，数值为"0.0 dB"，做出音频"淡入"效果；向后移动时间指针到 37 秒位置，增加"级别"关键帧，数值保持"0.0 dB"不变；向后移动时间指针到结束位置，增加"级别"数值为"−30 dB"的关键帧，做出音频"淡出"效果。如图 7-2 所示。

图 7-2　调整效果控件中"音量"参数

步骤 3　播放音频素材,在第一句"宝宝,宝宝坐轿子"说完之后,时间指针在 4 秒 20 帧位置,将音频素材用"剃刀工具"切开,如图 7-3 所示。第二句童谣"后面跟着个小豹子",在音频中有说重复的地方,我们需要做删除处理。找到说错的部分(位置分别为 00:00:06:22 和 00:00:08:03),将其切开,将说错的部分选中并按 Delete 键删除,如图 7-4 所示。然后用"选择工具"将后面的音频拖曳到与前面对齐,听一下音频效果确保衔接自然即可。

图 7-3　在指定时间位置切开音频素材

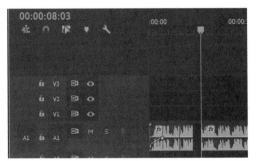
图 7-4　删除错误素材

步骤 4　第二句童谣"后面跟着个小豹子"在 9 秒处结束,我们将其切开。第三句童谣"小豹子头戴小帽子"在 13 秒 14 帧处结束,我们将其切开,为这句话做混响特效。

步骤 5　打开"效果"面板,选中"音频效果"|"卷积混响"效果,如图 7-5 所示,将其拖曳到音频的第三句位置。在"效果控件"面板,单击"自定义设置"后的"编辑"按钮,打开"剪辑效果编辑器","预设"选择"公共开放电视","脉冲"选择"空客厅",如图 7-6 所示,关闭"剪辑效果编辑器"。播放该段音频,可以听到音频的变化。

图 7-5　选择"卷积混响"效果

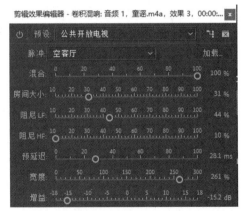
图 7-6　在"剪辑效果编辑器"中选择合适效果

步骤 6　第四句童谣"里面藏着小耗子"在 17 秒 11 帧处结束,将其切开。我们为这句话做延迟特效。打开"效果"面板,选中"音频效果"|"模拟延迟"效果,如图 7-7 所示,将其拖曳到音频的第四句位置。在"效果控件"面板,单击"自定义设置"后的"编辑"按钮,打开"剪辑效果编辑器","预设"选择"峡谷回声",如图 7-8 所示,关闭剪辑效果编辑器。播放该段音频,可以听到音频回声延迟的效果。

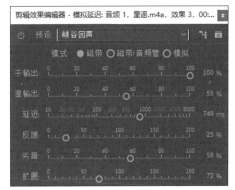

图 7-7　选择"模拟延迟"效果　　图 7-8　"剪辑效果编辑器"中选择"峡谷回声"效果

步骤 7　第五句童谣"小耗子害怕小猫咪"在 20 秒 15 帧处结束,将其切开。我们单击界面上方的"音频",打开"音频"面板来进行素材调整,如图 7-9 所示。在"基本声音"面板中,我们可以根据音频素材的类型选择不同的选项,如图 7-10 所示,这里我们根据《童谣》素材的内容选择"对话"选项。在"对话"的"预设"中有多种声音场景可供选择,如图 7-11 所示,我们选择"清理嘈杂对话"。勾选"修复"复选框,调整其中的选项以减少噪声,如图 7-12 所示。播放该段音频,可以明显听到降噪的效果。当然,也可以运用"音频效果"|"降噪"来进行调整。

图 7-9　选择"音频"组件

图 7-10　"基本声音"面板　　图 7-11　"预设"下拉列表　　图 7-12　"修复"选项

步骤 8　第六句童谣"小猫咪害怕小狐狸"在 24 秒处结束,将其切开,以方便我们单独做效果。在"效果"面板,选择"音频效果"|"音高换挡器"效果,如图 7-13 所示,将其拖曳至第六句音频素材上。在"效果控件"面板,单击"自定义设置"后的"编辑"按钮,打开"剪辑效果编辑器","预设"选择"(默认)",将"半音阶"向右移到 5,"音分"为 0,如图 7-14 所示。此时,播放音频可以听到变声的效果。我们将"半音阶"调高(>0),则声音变尖细;"半音阶"调低(<0),则声音变低沉。

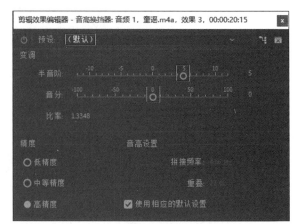

图 7-13　选择"音高换挡器"效果　　　　图 7-14　调整"剪辑效果编辑器"的参数

步骤 9　后面音频中有一句读错的句子,然后又重读了一遍,所以我们可以把读错的部分删除。将时间指针向后移动到 29 秒 3 帧(00:00:29:03)处,用"剃刀工具"切开,将 00:00:24:00～00:00:29:03 部分素材选中,按 Delete 键删除掉,如图 7-15 所示。用"选择工具"选取后面的音频素材,拖曳其与前面素材对齐。在两段素材连接处,我们可以应用"音频过渡"效果来让衔接更加自然。在"效果"面板,选择"音频过渡"|"交叉淡化"|"指数淡化"效果,如图 7-16 所示,将其拖曳到两段素材的连接处即可,如图 7-17 所示。

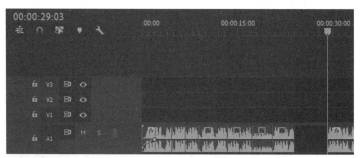

图 7-15　删除读错部分音频

图 7-16　选择"指数淡化"效果　　　图 7-17　将"指数淡化"效果拖曳到素材的连接处

步骤 10　第七句童谣"小狐狸害怕小黄鸡"在 27 秒 14 帧处结束,将其切开。在"效果"面板,选择"音频效果"|"多频段压缩器"效果,如图 7-18 所示,将其拖曳至第七句音频素材上。在"效果控件"面板,单击"自定义设置"后的"编辑"按钮,打开"剪辑效果编辑器","预设"选择"玩具",如图 7-19 所示,关闭"剪辑效果编辑器"。

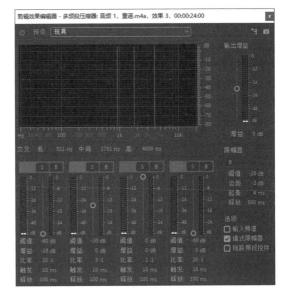

图 7-18 选择"多频段压缩器"效果　　　　图 7-19 剪辑效果编辑器"预设"选择"玩具"

步骤 11　最后一句童谣我们之前做了淡出的效果。由此音频的效果就制作完成了,我们可以整体播放,再对不满意的部分进行调整。调整之后我们可以把做好的音频锁定,单击"轨道锁定开关" 🔒 即可,如图 7-20 所示。

图 7-20 锁定音频 A1 轨道

步骤 12　导入视频素材"童谣.mp4",将其拖曳到时间轴 V1 轨道上,与音频对齐,如图 7-21 所示。然后按照童谣的音频给视频加上开放式字幕,如图 7-22 所示(具体添加方法,可以参看项目 6"效果字幕制作")。

图 7-21 添加视频素材到 V1 轨道

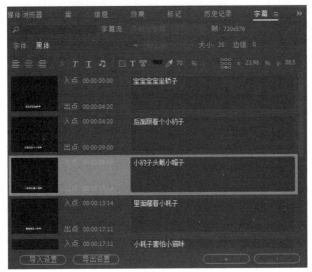

图 7-22 为素材添加开放式字幕

步骤 13 等视频画面和字幕都加入后，可以再次单击音频轨道锁定开关，解锁音频。整体播放检查完毕，即可导出完整作品。

7.3 功能工具

7.3.1 音频剪辑介绍

1.添加音频轨道

将鼠标移动到"时间轴"面板的灰色空白处，单击鼠标右键，在弹出的快捷菜单中选择"添加轨道"，如图 7-23 所示，即可弹出"添加轨道"对话框，可为添加的音频轨道设置位置以及轨道类型，如图 7-24 所示。在进行相应的操作之后，单击"确定"按钮，就会得到想要的音频轨道。

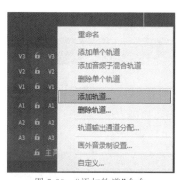

图 7-23 "添加轨道"命令

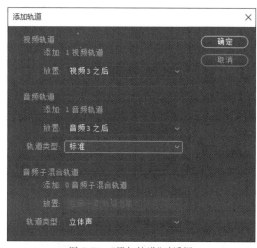

图 7-24 "添加轨道"对话框

2.删除音频轨道

将鼠标移动到"时间轴"面板的灰色空白处，单击鼠标右键，在弹出的快捷菜单中选择"删除轨道"，如图 7-23 所示。在弹出的"删除轨道"的对话框中，即可对某一音频轨道进行删除，如图 7-25 所示。

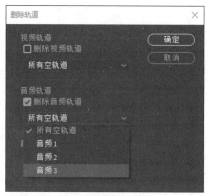

图 7-25 "删除轨道"对话框

3.音频增益

音频增益是在音频素材或音频剪辑原有音量的基础上,通过对音量峰值的附加调整,增加或降低音频的频谱波形幅度,从而改变音频素材或音频剪辑的播放音量。具体方法:导入音频素材到时间轴音频轨道中,选中音频素材,单击鼠标右键,在弹出的快捷菜单中选择"音频增益",如图 7-26 所示。在弹出的"音频增益"对话框中调整参数值,如图 7-27 所示,调整好之后单击"确定"按钮即可。

图 7-26 "音频增益"命令　　　　　　　　图 7-27 "音频增益"对话框

参数的作用介绍如下:

①将增益设置为:可以将音频素材或音频剪辑的音量增益指定为一个固定值。

②调整增益值:输入正数值或负数值,可以提高或降低音频素材或音频剪辑的音量。

③标准化最大峰值为:输入数值,可以为音频素材或音频剪辑中的音频频谱设定最大峰值音量

④标准化所有峰值为:输入数值,可以为音频素材或音频剪辑中音频频谱的所有峰值设定限定音量。

4.更改音频声道

导入音频素材到时间轴音频轨道中,选中音频素材,单击鼠标右键,在弹出的快捷菜单中选择"音频声道",如图 7-28 所示。在弹出的"修改剪辑"对话框中,可以指定每个音频轨道的左、右声道,并可试听效果,如图 7-29 所示,调整好之后单击"确定"按钮即可。

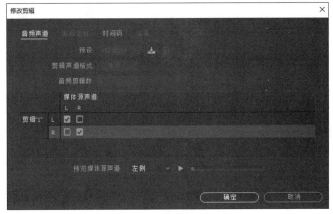

图 7-28 "音频声道"命令　　　　　　　　图 7-29 "修改剪辑"对话框

5.控制音频的速度和持续时间

导入音频素材到时间轴音频轨道中,选中音频素材,单击鼠标右键,在弹出的快捷菜单中选择"速度/持续时间",如图 7-30 所示。在弹出的"剪辑速度/持续时间"对话框中,若将速度

调整为100％以上,则速度加快,反之变慢。此外,也可以勾选"倒放速度"来实现音频的倒放效果。在音频速度改变之后,我们可以通过勾选"保持音频音调"来保持声音的原本音调。如图7-31所示。

图7-30 "速度/持续时间"命令

图7-31 "剪辑速度/持续时间"对话框

7.3.2 效果控件介绍

选中时间轴音频轨道上的音频素材后,在"效果控件"面板就出现了音频的调节选项,如图7-32所示。在"效果控件"面板中调节音频的相关参数,即可对音频进行调整。我们也可以通过添加关键帧的方法,来进行音频的动态调节。

图7-32 "效果控件"面板中的音频调节选项

下面是"效果控件"面板中的选项介绍:

①旁路:用于启用或关闭音频效果,勾选该复选框,音频效果将被关闭,这个功能多用于做效果前后对比。

②级别:用于调节音频的分贝值,控制音量。

③声道音量:用于分别调节左、右声道的音量。

④声像器:用于调节音频素材的声像位置,去除混响声。

7.3.3 音轨混合器介绍

在"音轨混合器"面板,能在收听音频和观看视频的同时调整多条音频轨道的音量等级以及摇摆/均衡度。Premiere使用自动化过程来记录这些调整,然后在播放剪辑时再应用它们。"音轨混合器"面板就像一个音频合成控制台,为每一条音轨都提供了一套控制。选择菜单栏中的"窗口"|"音轨混合器"命令,如图7-33所示,即可进入"音轨混合器"面板,如图7-34所示。

"音轨混合器"面板的每一个通道都设有滤波器、均衡器和音量控制等,可以对声音进行调整。音轨混合器可以对若干路外来信号进行总体或单独的调整。根据"时间轴"面板中的音频轨道相应编号,可以拖动每条轨道的音量调节滑块来调整音量。

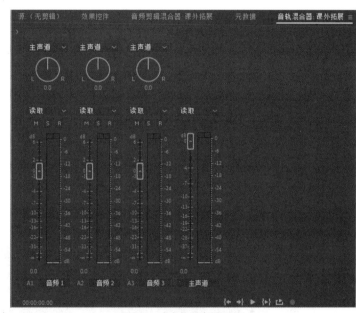

图 7-33 "窗口"|"音轨混合器"命令　　　　图 7-34 "音轨混合器"面板

1.音频轨道标签

音频轨道标签主要用来显示音频的轨道。其参数面板如图 7-35 所示。

图 7-35 音频轨道标签

2.自动控制

自动控制主要用来选择控制的方式,其参数面板如图 7-36 所示。

①关:关闭模式。

②读取:只是读入轨道的音量等级和摇摆/均衡数据,并保持这些控制设置不变。

③闭锁:可在拖动音量调节滑块和摇摆/均衡控制的同时,修改之前保持的音量等级和摇摆/均衡数据,并随后保持这些控制设置不变。

图 7-36 "自动控制"
参数面板

④触动:可只在拖动音量调节滑块和摇摆/均衡控制的同时,修改先前保存的音量等级和摇摆/均衡数据。在释放了鼠标左键后,控制将回到它们原来的位置。

⑤写入:可基于音频轨道控制的当前位置来修改先前保存的音量等级和摇摆/均衡数据。在录制期间,不必拖动控件就可自动写入系统所进行的处理。

3.摇摆/均衡控制器

每个音轨上都有摇摆/均衡控制器,作用是将单声道的音频素材在左、右声道来回切换,最后将其平衡为立体声。参数范围为－100～100。L 表示左声道,R 表示右声道。如图 7-37 所示,可以按住鼠标拖动按钮上的指针对音频轨道进行摇摆/均衡设置,也可以单击旋钮下方的数字,直接输入参数进行调整。负值表示将音频设定在左声道,正值表示将音频设定在右声道。

4.轨道状态控制

轨道状态控制主要用来控制轨道的状态,其参数面板如图 7-38 所示。

①静音轨道(M):单击该按钮,音频素材播放时为静音。

②独奏轨道(S):单击该按钮,只播放单一轨道上的音频素材,其他轨道上的音频素材则为静音。

③启用轨道以进行录制(R):单击该按钮,将外部音频设备输入的音频信号录制到当前轨道。

图 7-37　摇摆/均衡控制器

图 7-38　轨道状态控制

5. 音量控制

音量控制用于对当前轨道的音量等级进行调节,拖动音量调节滑块 ▢,可以控制音量等级,如图 7-39 所示。

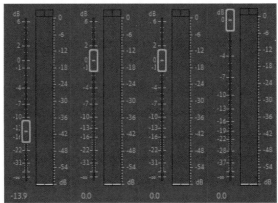

图 7-39　音量控制

6. 编辑播放控制

编辑播放控制主要用来控制音频的播放状态,如图 7-40 所示。

图 7-40　编辑播放控制

①转到入点 |← :单击该按钮,将播放指示器移到入点位置。

②转到出点 →| :单击该按钮,将播放指示器移到出点位置。

③播放/停止切换 ▶ :单击该按钮,播放音频素材文件,再次单击停止播放。

④从入点到出点播放视频 |↔| :单击该按钮,播放入点到出点间的音频素材内容。

⑤循环 ↻ :单击该按钮,循环播放音频。

⑥录制 ：单击该按钮，开始录制音频设备输入的信号。

7.3.4 音频过渡介绍

音频过渡效果的作用与视频过渡效果的作用相似，即用于添加在音频剪辑的头尾或相邻音频剪辑之间，使音频剪辑产生淡入/淡出效果，或在两个音频剪辑之间产生播放过渡效果。

在"效果"面板中展开"音频过渡"文件夹，如图 7-41 所示，在其中的"交叉淡化"文件夹中提供了"恒定功率""恒定增益""指数淡化"三种音频过渡效果。

图 7-41 "音频过渡"文件夹

1.恒定功率

该效果可以对音频素材文件制作出交叉淡入/淡出的变化，且是在一个恒定的速率和剪辑之间的过渡。在相邻音频素材之间或音频素材的首尾加入该效果后，如图 7-42 所示。如果觉得效果达不到预期，想删除它，可以单击该效果，按 Delete 键即可。单击该效果，在"效果控件"面板出现该效果的调整选项，如图 7-43 所示。

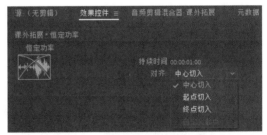

图 7-42 添加"恒定功率"效果　　　　图 7-43 "恒定功率"调整选项

①持续时间：可以进行效果持续时长的调整。

②中心切入：以剪切处为中心，第一段音频素材末向第二段素材转场。

③起点切入：从第二段音频素材开始处淡入。

④"终点切入"：从第一段音频素材结束处开始，到剪切中心淡出。

⑤"自定义起点"：自定义转场的开始与结束，不常用。

2.恒定增益

该效果可以对音频素材文件制作出交叉淡入/淡出的变化，创建一个平稳、逐渐过渡的效果。其操作方法和选项同"恒定功率"。

3.指数淡化

该效果可以淡化声音的线形及线段交叉，与"恒定增益"相比较为机械化。其操作方法与选项同"恒定功率"。

7.3.5 音频效果介绍

在"效果"面板中展开"音频效果"文件夹，可见大量的音频效果，如图 7-44 所示，其应用方法与视频效果一样，只需直接添加到音频素材上，在"效果控件"面板中对其进行参数选项设置即可。

图 7-44 "音频效果"文件夹(部分)

1.过时的音频效果

展开"过时的音频效果"文件夹,里面包含了多种低版本的音频效果,部分效果如图 7-45 所示。在使用该组效果时会弹出"音频效果替换"对话框,如图 7-46 所示。若单击"是"按钮,在参数面板中会显示出新版本参数值,该部分内容在本节下方会有详细介绍;若单击"否"按钮,则显示 Premiere 老版本的音频效果参数面板。

图 7-45 "过时的音频效果"文件夹

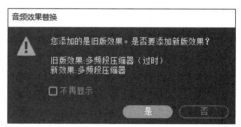

图 7-46 "音频效果替换"窗口

2.吉他套件

该效果可以制作不同质感的音频效果,如老学校、超市扬声器、醉酒滤镜等,其参数面板如图 7-47 所示。

图 7-47 "吉他套件"效果参数面板

"自定义设置":单击其后面的"编辑"按钮会弹出"剪辑效果编辑器"对话框,单击"预设"下拉列表,会弹出下拉列表框,如图 7-48 所示。我们可以选择合适的效果来直接应用,也可以通过调整下面的"合成量""滤镜频率""滤镜共振"等参数值来实现不同的音频效果。

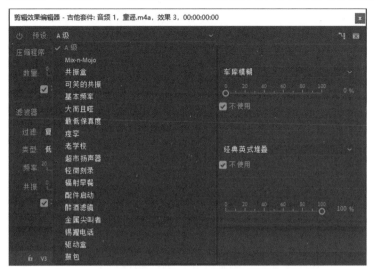

图 7-48 "剪辑效果编辑器:吉他套件"中的"预设"下拉列表

3.多功能延迟

该效果可以对延时效果进行高程度控制,产生四层回音,通过参数设置,对每层回音发生的延迟时间与程度进行控制,使音频素材产生同步、重复回声的效果,其参数面板如图 7-49所示。

图 7-49 "多功能延迟"效果参数面板

①延迟 1~4:设置回声和原音频素材延迟的时间。

②反馈 1~4:指定延时信号的叠加程度,以产生多重衰减回声的百分比。

③级别 1~4:设置回声的音量。

④混合:设置回声和原音频的混合程度。

4.多频段压缩器

该效果可以对音频素材的低、中、高频段进行压缩。

①阈值:设置三个波段的压缩上限,当音频信号低于上限值时,压缩不需要的频段信息。

②释放:设置三个波段压缩时的结束时间。

③独奏:是否只播放被激活的波段音频。

5.模拟延迟

该效果可以模拟多种延迟效果,如峡谷回声、延迟到冲洗、循环延迟、配音延迟等。"模拟延迟"效果可以很快制作出比较缓慢的延迟效果,但如果想要精确地控制延迟效果,则要使用"多功能延迟"效果。

6.带通

该效果主要用作限制某些音频频率的输出。

7.用右侧填充左侧

该效果将指定的音频素材旋转在左声道进行回放。

8.用左侧填充右侧

该效果将指定的音频素材旋转在右声道进行回放。

9.电子管建模压缩器

该效果可以控制立体声左右声道的音量比。

10.强制限幅

该效果可模拟多种限制声音分贝效果,如失真、限幅-3 dB、限幅-6 dB 等。

11.Binauralizer-Ambisonics

该效果是采用双耳拾音技术和声场合成技术的原场传声器拾音。

12.FFT 滤波器

该效果可以控制一个数值上频率的输出。

13.降噪

该效果是比较常用的音频效果之一,用于自动探测音频中的噪声并将其消除。

14.扭曲

该效果可以将音频设置为扭曲的效果,如无限扭曲、蛇皮等方式。

15.低通

该效果可以将音频素材文件的低频部分从声音中滤除。"屏蔽度"参数用来设置高频过滤的起始值。

16.低音

该效果可以调整音频素材的低音分贝。"提升"参数可以增加或降低素材的低音分贝。

17.Panner-Ambisonics

该效果是一款简单、有用的通用音频插件,能对每一个不同的立体声音轨进行控制。

18.平衡

该特效只能用于立体声音频素材,控制左右声道的相对音量。该效果只有一个"平衡"参数,参数值为正值时增大右声道的分量,为负值时增大左声道的分量。

19.单频段压缩器

该效果可以控制立体声左右声道的音量比。

20.镶边

该效果可以将完好的音频素材调节成声音短期延误、停滞或随机间隔变化的音频信号。

21.陷波滤波器

该效果可制作多种音频效果,如 200 Hz 与八度音阶、C 大调和弦等。

22.卷积混响

该效果通过模拟音频播放的声音,为音频剪辑添加气氛,如重现从衣柜到音乐厅的各种空间。

23.静音

该效果可以使音频素材文件的指定部分静音。

①静音:参数设置可以静音音频素材整体。

②静音 1:参数设置可以静音音频素材的左声道。

③静音 2:参数设置可以静音音频素材的右声道。

24.简单的陷波滤波器

该效果通过设置旁路、中心、Q 参数来调整声音。

25.简单的参数均衡

该效果可调整声音音调,精确地调整频率范围。

26.互换声道

该效果可以将音频素材的左右声道互换。

27.人声增强

该效果可以使当前的人声更偏向于女性或更偏向于男性发音。

28.减少混响

该效果可评估混响轮廓并帮助调整混响总量。值的范围从 0% 到 100%,并可控制应用于音频信号的处理量。应用"减少混响"效果可能导致输出电平降低(与原始音频相比),原因是动态范围的降低。此时,可以使用滑块手动调整增益,或者通过启用"自动增益"复选框,启用增益的自动调整功能。

29.动态

该效果是针对音频信号中的低音与高音之间的音调,消除或者扩大某一个范围内的音频信号,从而突出主体信号的音量或控制声音的柔和度。

30.动态处理

该效果可以模拟低音鼓、击弦贝斯、劣质吉他、慢鼓手、浑厚低音、说唱表演等效果。

31.参数均衡器

该效果均衡设置,可以精确地调节音频的高音和低音,可以在相应的频段按照百分比来调节原始音频以实现音调的变化。

32.反转

该效果可以反转当前声道状态。

33.和声/镶边

该效果通过添加多个短延迟和少量反馈,模拟一次性播放的多种声音或乐器。

34.图形均衡器(10 段)

该效果可模拟低保真度、敲击树干(小心)、现场歌声-提升、音乐临场感等效果。

35.图形均衡器(20 段)

该效果可模拟八度音阶划分、弦乐、明亮而有力、重金属吉他等效果。

36.图形均衡器(30 段)

该效果可模拟低音-增强清晰度、经典 V 等效果。

37.增幅

该效果可增强或减弱音频信号。

38.声道音量

该效果可以设置左、右声道的音量大小。

39.室内混响

该效果可模拟多种室内的混响音频效果,如大厅、房间临场感、旋涡形混响等。

40.延迟

该效果可以为音频素材添加回声效果。

41.母带处理

该效果用于模拟梦的序列、温馨的音乐厅、立体声转换为单声道等效果。

42.消除齿音

该效果主要用于对人物语音音频的清晰化处理,消除人物对着麦克风说话时产生的齿音。在其参数设置中,可以根据语音的类型和实际情况,选择对应的预设处理方式,对指定的频率范围进行限制,快速完成音频内容的优化处理。

43.消除嗡嗡声

该效果从音频中消除不需要的 50 Hz/60 Hz 嗡嗡声。此效果适用于 5.1、立体声或单声道剪辑。

44.环绕声混响

该效果主要用于 5.1 音源,但也可以为单声道或立体声音源提供环绕声效果环境。

45.科学滤波器

该效果可以对音频进行高级处理,有频率响应(分贝)、相位(度)、组延迟(毫秒)三种图形。

46.移相器

该效果接受输入信号的一部分,使相位移动一个变化的角度,然后将其混合回原始信号,用于模拟低保真度相位、卡通效果、水下等效果。

47.立体声扩展器

该效果可以控制立体声的扩展效果。

48.自动咔嗒声移除

该效果可以快速去除黑胶唱片中的噼啪声和静电噪声。其参数"阈值"用来设置清除咔嗒声的检验范围。

49.雷达响度计

该效果可通过调整目标响度、雷达速度、雷达分辨率、瞬时范围等参数更改音频效果。

50.音量

该效果可以用于调节音频素材的音量。

51.音高换挡器

该效果可设置伸展、愤怒的沙鼠、黑魔王等特殊音频效果。

52.音通

该效果可以将音频信号的低频过滤。其参数"屏蔽度"可以设置低频过滤的起始值。

53.高音

该效果可调整音调,提升或降低高频部分。

7.3.6 "基本声音"面板介绍

为了方便快速地调节音频效果,Premiere Pro CC 2019 提供了"基本声音"面板,内设了一些简单的控件,可以快速统一音量级别、修复声音、提高清晰度并添加特殊效果等,引导编辑人员完成对话、音乐、环境等音频内容制作过程中的标准混合任务,从而使音频效果达到专业音频工程师混音的效果。

单击软件界面上方的"音频"选项,如图 7-50 所示,打开"基本声音"面板,如图 7-51 所示,可以单击选择 Premiere"预设"面板中的音频模式。如果需要切换音频模式,可以单击右侧的"清除音频类型"按钮即可。

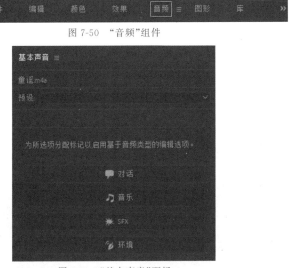

图 7-50 "音频"组件

图 7-51 "基本声音"面板

1.对话

主要对人声进行设置,为创造者提供了多组参数,例如将不同的音频素材统一为常见响度、降低背景噪声等。可直接应用预设效果,如图 7-52 所示。选择好预设效果后,"效果控件"面板会自动添加匹配效果的各项属性,如图 7-53 所示。想要有多个音频素材同时添加预设,可选择某段音频,单击"对话"按钮,选择预设效果并同时应用预设效果。

图 7-52 对话"预设"下拉列表

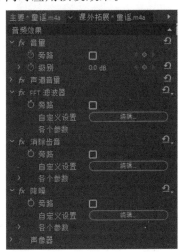

图 7-53 "效果控件"面板中的音频效果

2.音乐

主要是针对背景音乐进行调节,音乐的预设效果设置如图 7-54 所示。想要手动调节音频的变速效果,可勾选"持续时间"复选框,改变时间数值,如图 7-55 所示。

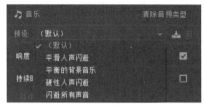
图 7-54　音乐"预设"下拉列表

图 7-55　手动调节音频持续时间

3.SFX

SFX 可以帮助观众形成某些幻觉,比如音乐源自工作室场地、房间环境或具有适当反射和混响的场地中的特定位置,其预设设置如图 7-56 所示。

4.环境

环境音的属性设置同前几种的属性设置类似,部分中和了音乐和 SFX 的功能,如图 7-57所示。

图 7-56　SFX"预设"下拉列表

图 7-57　环境"预设"下拉列表

需要注意的是,"基本声音"面板中的音频类型是互斥的,也就是说,为某个剪辑选择一个音频类型,则会还原先前使用另一个音频类型对该剪辑所做的更改。

7.4　课外拓展

请利用本项目所学习的全部内容,导入教材配套资源中提供的音乐素材进行音频的剪辑和效果制作练习,并可以为制作好的音频素材添加合适的画面和字幕效果。最终效果参看教材配套资源。

处理音乐音频

项目 8 插件的应用
——开放包容，做行稳致远的创新者

教学案例

- 利用外部插件制作特殊的照片转场效果。

教学内容

- Premiere 插件的安装和调用；Premiere 插件在作品中的运用。

教学目标

- 认识 Premiere 插件，并能熟练调用 Premiere 插件。
- 能运用 Premiere 插件来实现特殊效果。

职业素养

- 开放包容带来繁荣，善创新者方能常青。在这个开放包容的社会环境中，要以创新的决心、创新的底气，大胆去试、放手去干，释放创新活力。

项目分析

- 软件如此，创作作品亦如此。Premiere CC 具有功能扩展的开放性，允许用户通过安装第三方软件商开发的特效插件程序，来进一步丰富视频特效的编辑处理，使用户可以轻松地制作出更加精彩的作品效果。本项目将运用配套资源中提供的 Premiere 插件来制作照片的转场切换效果，根据操作的步骤来讲解如何安装和应用 Premiere 插件，创造意外视觉惊喜。

8.1　案例简介

Premiere Pro 具有功能扩展的开放性,允许用户通过安装第三方软件商开发的特效插件程序,来进一步丰富视频特效的编辑处理,使用户可以轻松地制作出更加精彩的作品效果。本项目将运用配套资源中提供的几个 Premiere 插件来制作照片的转场切换效果,同时也将根据操作的步骤来讲解如何安装和应用 Premiere 插件。

制作转场

8.2　课上演练

在本节中,我们将运用一些特殊的 Premiere 插件,来制作图片素材间的特殊的转场过渡效果。具体操作步骤如下:

8.2.1　插件的导入

在教材配套资源本项目目录下找到"插件"文件夹,里面是我们需要用到的 Premiere 插件,如图 8-1 所示。选中全部插件,复制到 Premiere 指定的存放目录(盘符:\Adobe\Adobe Premiere Pro CC 2019\Plug-Ins\Common\)中,如图 8-2 所示。如果此时 Premiere 软件是打开的状态,需要关闭软件,再重新启动,才可以应用插件。我们新建一个名为"插件应用"的项目文件,进入该空项目界面中,在"效果"面板中的"视频过渡"文件夹中,可以看到这些插件,如图 8-3 所示。

名称	修改日期	类型	大小
Impact_Blur_Dissolve	2018/4/3 3:25	Adobe Premiere...	226 KB
Impact_Blur_To_Color	2018/4/3 3:26	Adobe Premiere...	198 KB
Impact_Burn_Alpha	2018/4/3 3:26	Adobe Premiere...	223 KB
Impact_Burn_White	2018/4/3 3:26	Adobe Premiere...	228 KB
Impact_Chaos	2018/4/3 3:26	Adobe Premiere...	220 KB
Impact_Copy_Machine	2018/4/3 3:26	Adobe Premiere...	228 KB
Impact_Dissolve	2018/4/3 3:25	Adobe Premiere...	329 KB
Impact_Flash	2018/4/3 3:27	Adobe Premiere...	217 KB
Impact_Push	2018/4/3 3:27	Adobe Premiere...	200 KB
Impact_Roll	2018/4/3 3:27	Adobe Premiere...	200 KB
Impact_Stretch	2018/4/3 3:27	Adobe Premiere...	227 KB

图 8-1　"插件"文件夹中的 Premiere 插件

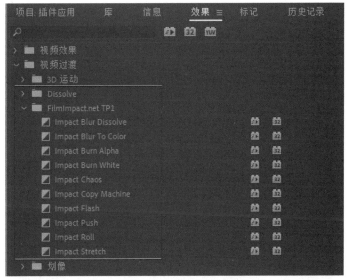

图 8-2　复制件到指定存放目录

图 8-3　"效果"面板中显示的已安装插件

8.2.2　用插件做效果

步骤 1　在新建的"插件应用"项目的"项目"面板中,导入素材图片(3509.jpg,3510.jpg,3511.jpg,3715.jpg)后,先后将 3509.jpg,3510.jpg 两张图片拖曳到"时间轴"面板,自动生成序列,如图 8-4 所示。

步骤 2　选取插件"Impact Copy Machine",并将其拖曳到时间轴素材的起始位置,如图 8-5 所示。单击该过渡效果,在"效果控件"面板可以看到它的调整选项,我们修改"Glow Color"选项后面的色块,选取纯黄色(R:255,G:255,B:0),如图 8-6 所示。

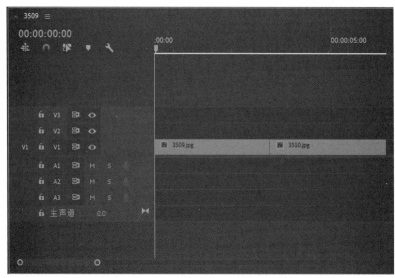

图 8-4　添加两张图片素材到 V1 轨道

图 8-5　"Impact Copy Machine"效果

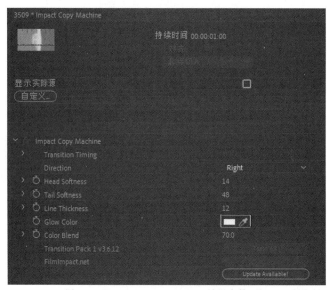

图 8-6　"Impact Copy Machine"效果参数面板

　　步骤 3　选取插件"Impact Push",并将其拖曳到时间轴两个素材连接处,如图 8-7 所示。单击该过渡效果,将"Direction"选项调整为"Right",如图 8-8 所示。之后我们就可以在"节目监视器"面板中看到两个插件转场过渡的效果了。

图 8-7　"Impact Push"效果

图 8-8 "Impact Push"效果参数面板

步骤 4 拖曳图片 3511.jpg 到时间轴 V1 轨道 3510.jpg 素材后面,选取效果"Impact Roll",并将其拖曳到 3510.jpg 和 3511.jpg 两张照片之间,如图 8-9 所示。单击该过渡效果,在"效果控件"面板可以看到它的调整选项,我们将"持续时间"延长到 2 秒,如图 8-10 所示。

图 8-9 "Impact Roll"效果

图 8-10 "Impact Roll"效果参数面板

步骤 5 拖曳图片 3715.jpg 到时间轴 V1 轨道 3511.jpg 素材后面,选取效果"Impact Chaos",并将其拖曳到两张照片之间,如图 8-11 所示。单击该过渡效果,在"效果控件"面板可以看到它的调整选项,我们修改"Chaos"选项数值为"56.0","RGB Split"选项数值为"40.0",如图 8-12 所示。之后我们就可以在"节目监视器"面板中看到插件转场过渡的效果了。

图 8-11 "Impact Chaos"效果

图 8-12 "Impact Chaos"效果参数面板

步骤 6 选取效果"Impact Blur To Color",并将其拖曳到素材结束位置,如图 8-13 所示。我们用该插件做一个淡出的过渡效果,选项不需要再进行更改。这样我们的作品就做好了。我们可以在"节目监视器"面板中预览所有插件转场过渡的效果,并进行效果的微调。

图 8-13 "Impact Blur To Color"效果

步骤 7 按 Ctrl+S 快捷键保存该项目文件,再按 Ctrl+M 快捷键,打开"导出设置"对话框,将"格式"调整为 H.264,修改输出名称为"插件应用成品.mp4",单击"导出"按钮,如图 8-14 所示。这样就可以把做好的作品输出观看了。

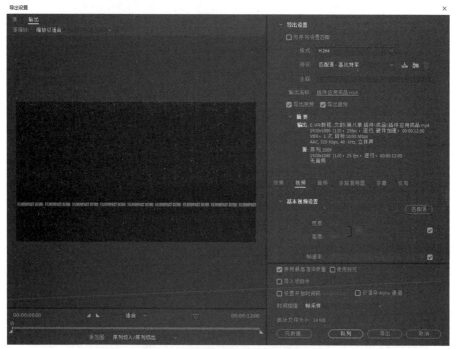

图 8-14 导出"插件应用成品"文件

8.3　功能工具

在上一节课程中,我们已经教给大家怎么来进行插件的导入。我们给大家提供的是视频过渡的插件。但在实际应用中,视频效果、音频效果等均可以找到特殊的插件来导入Premiere进行效果的应用,导入方法都是一样的。需要注意的是,将插件粘贴到指定目录文件夹之后,一定要重新启动 Premiere 软件,插件才能够正常使用。

除此之外,我们也可以将 AE(After Effects)中的插件效果,复制到 Premiere 指定的文件夹中,来进行素材的效果应用。

至于 Premiere 插件的调整,与 Premiere 自带效果的调整方式基本是一致的,都是在选中的状态下,在"效果控件"面板中进行选项的修改调整,并可以在"节目监视器"面板即时地看到调整后的效果。如果效果不尽如人意,我们可以在选中的状态下,按 Delete 键删除即可。

8.4　课外拓展

请利用本项目所提供的其他 Premiere 插件,进行 Premiere 插件的导入和应用,制作图片间的转场过渡效果,如图 8-15 所示。项目文件和最终成品参看教材配套资源。

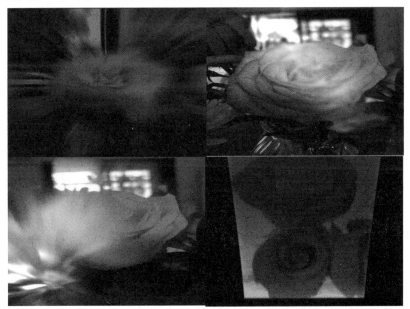

制作过渡转场

图 8-15　课外拓展效果预览

参考文献

[1] 唯美世界,编著.Premiere Pro CC 从入门到精通 PR 教程[M].北京:水利水电出版社,2019.

[2] 温培利.Premiere Pro CC 视频编辑案例课堂[M].2 版.北京:清华大学出版社,2018.

[3] 李军.Premiere Pro CC 视频编辑与制作[M].北京:清华大学出版社,2021.

[4] [英]马克西姆·亚戈.Adobe Premiere Pro CC 2019 经典教程[M].北京:人民邮电出版社,2020.